基于属性的数字签名研究

孙昌霞　司海平　王少参　刘　倩　著

中国农业出版社

北　京

图书在版编目（CIP）数据

基于属性的数字签名研究 / 孙昌霞等著. —北京：
中国农业出版社，2022.9
ISBN 978-7-109-30133-7

Ⅰ.①基… Ⅱ.①孙… Ⅲ.①电子签名技术 Ⅳ.
①TN918.912

中国版本图书馆 CIP 数据核字（2022）第 186339 号

基于属性的数字签名研究
JIYU SHUXING DE SHUZI QIANMING YANJIU

中国农业出版社出版
地址：北京市朝阳区麦子店街 18 号楼
邮编：100125
责任编辑：王秀田　文字编辑：张楚翘
版式设计：杜　然　责任校对：刘丽香
印刷：北京中兴印刷有限公司
版次：2022 年 9 月第 1 版
印次：2022 年 9 月北京第 1 次印刷
发行：新华书店北京发行所
开本：700mm×1000mm　1/16
印张：7.25
字数：160 千字
定价：68.00 元

[摘 要]

基于属性的数字签名体制能够细粒度地划分身份特征，其身份被看作是一系列属性特征的集合，只有满足特定属性或某种特定访问控制结构的签名者才可以进行有效的签名。基于属性的数字签名体制因在强调匿名性身份和分布式网络系统方面的应用有着基于身份的密码体制无法比拟的优势，且其应用更为直观、灵活、广泛，而引起学者的广泛关注，目前已成为公钥密码学研究领域的一个热点。本书主要着眼于设计安全可靠、实用的基于属性的签名方案，重点对基于属性签名方案的多属性授权机构、无可信中心授权机构、签名托管/委托及可证明安全等问题展开研究，具体如下：

1. 采用访问控制结构，设计一种多个属性授权机构的基于属性的签名方案。在方案中，用户的多个属性由不同的授权机构监管，要求多个属性授权机构之间不能互相通信，且由中心属性授权机构（CAA）统一管理。安全分析表明所提方案能够抵抗伪造性攻击和合谋攻击，并同时拥有保护签名者的私密信息和较高的签名效率的优势。

2. 采用全域属性参数，使用访问结构树对属性进行细粒度划分，设计出一个多个属性授权机构的基于属性签名方案。同时，系统地证明方案的安全归约为计算 Diffie‐Hellman 问题，若计算 Diffie‐Hellman 问题假设成立，则方案能够抵抗伪造性攻击及抗合谋攻击。

3. 为解决多个属性授权机构不能互相通信，且需要有一个中心属性授权机构（CAA）来管理的约束，设计了一个不需要可信中心属性授权机构的多个属性授权机构签名方案。方案中，将中心属性授权机构移除，使多个属性授权机构体制的安全性不再受可信中心属性授权机构的约束，从而提高了系统的安全性和实用性，同时给出方案的安全性证明。

4. 为解决基于属性签名体制的密钥托管问题，提出不需要可信属性授权机构（AA）的方案。在方案中，由属性授权机构（AA）和用户共同产生签名私钥，从而保证属性授权机构（AA）无法冒充用户签名，能有效保证系统的安全。同时定义相应的安全模型，并证明该方案的安全归约为计算 Diffie‑Hellman 问题。

5. 为解决基于属性签名体制中签名权利委托的问题，设计一种基于属性的代理签名方案，原始签名者将签名权利委托给具有一组属性特征的代理签名人。经分析表明，所设计的方案满足可区分性、可验证性、强不可伪造性、强可识别性、强不可否认性、抗滥用性及抗合谋攻击的安全性。

6. 进一步研究基于身份的代理签名体制，设计一种可证明安全的基于属性的代理签名方案。同时，定义了基于属性的代理签名的安全模型，给出方案完整的证明过程，证明该方案的安全归约为计算 Diffie‑Hellman 问题。

关键词： 基于身份　双线性对　基于属性　可证明安全　多授权机构

[**Abstract**]

The identity in the attribute – based digital signature system can be divided fine – grained, and its identity is a set of descriptive attributes. A signer can sign validly when he possesses some certain attributes, or some specific access control structures. Be cause of the emphasis on application of the anonymity of identity and distributed network system the attribute – based digital signature system has a great advantage Compared with the identity – based cryptography. The attribute – based digital signature scheme also has more intuitive, flexible and extensive applications, so many scholars pay attention to it, and it is currently a hot research topic in the field of public – key cryptography. The paper mainly focus on the design of safe, reliable and practical attribute – based signature schemes, stressing on multi – authority attribute – based signature scheme, attribute – based signature scheme without a trusted authority, signature of key escrow, provable security issues and so on, specific as follows:

1. A multi – authority attribute – based signature scheme is designed with Access control structures, where the attributes of users are monitored by different authorities respectively and it is required that these authorities can not communicate with each other, and be managed by a Center attribute authority (CAA). Security analysis shows that the proposed scheme is secure against forgery attack and collusion attack, and at the same time, this scheme has some advantages, such as protecting the signer's private information, and a higher efficiency in signature.

2. A multi – authority attribute – based signature scheme is designed in a large universe using access structure tree to classify fine – grained attrib-

utes. In the meanwhile, the security of the scheme is systematically proved equal to computational Diffie – Hellman problem. If the assumption of computational Diffie – Hellman problem holds, the scheme is secure against existentially unforgeability attack and collusion attack.

3. In order to solve the restriction that multiple attribute authorities can not communicate with each other and these multiple attribute authorities are managed by a central attribute authority (CAA), a multi – authority attribute – based signature without a central authority is designed. In the scheme, central attribute authority (CAA) is removed, so that the security of a multi – authority attribute – based signature is no longer subject to the central attribute authority (CAA). Consequently, the scheme increases the system's security and applicability. In the meantime, gives the scheme's security proof in this paper.

4. In order to solve the key escrow problem of attribute – based signature scheme, an attribute – based signature scheme without a trusted central attribute authority (AA) is firstly presented in this paper whose private key is generated by the attribute authority (AA) and the user commonly, thus ensuring that the attribute authority (AA) can not impersonate the user's signature and effectively guaranteeing the safety of the system. In the meanwhile, the corresponding security model is defined, and the scheme is proved secure equal to computational Diffie – Hellman problem.

5. To solve the delegation of the signing rights in the attributes – based signature scheme, an attribute – based proxy signature scheme is provided in this paper in which the original signer delegates his private key to a proxy signer with some special attributes to sign some message on behalf of the original signer. The proposed scheme is analyzed and proved that it possesses some security of proxy signature, such as distinguishability, verifiability, strong unforgeability, strong identifiability, strong undeniability, anti – misuse and anti – collusion attack.

6. A provable secure attribute – based proxy signature is devised

through further study on attribute – based signature scheme. We firstly give the formal syntax of an attribute – based proxy signature and the formal security model in the random oracle. The scheme is proved to be secure against existential forgery under selective attributes and adaptive chosen – message attack. Its security can be reduced to the hardness of the computational Diffie – Hellman problem.

Keywords: Identity – based   Bilinear pairings   Attribute – based   Provable security   Multi – authority

[目 录]

第一章 绪 论

随着信息技术的广泛使用，如何安全、高效、完整的传递数据信息变得日益重要，数字签名成了信息世界的重要工具，为信息安全、身份认证、数据完整性、不可否认性及匿名性等方面提供了重要保证，是电子商务与网络安全的关键技术之一。而基于属性的数字签名体制能够细粒度地划分身份特征，在匿名性身份和分布式网络系统应用方面有很大优势，因此需要设计安全可靠的基于属性的签名算法。本章主要从数字签名及基于属性的签名体制的研究背景和发展现状进行概述。

1.1 信息安全与密码学

信息安全是涉及我国经济发展、社会发展和国家安全的重大问题。在信息化社会里，没有信息安全的保障，国家就没有安全的屏障。研究"计算机网络中任一用户都可以和其中的另一个用户秘密交换信息"就是一项重要课题。密码学作为信息安全的核心技术，其主要研究如何实现信息秘密通信，包括两个分支，即密码编码学和密码分析学。密码编码学是对信息进行编码实现信息保密性的科学；而密码分析学是研究、分析和破译密码的科学。一个密码系统根据其密钥特点分为对称密码系统（也称为单钥密码系统）和非对称密码系统（也称公钥密码系统）。在对称密码系统中，加密或解密算法使用的私钥相同或实质相同；在公钥密码体制中，加密或解密算法使用的私钥不同，且难以从公钥推导出私钥。1948 年，Shannon 发表了划时代的《通信的数学理论》[1]一文，宣告了信息论的诞生。随后，Shannon 又发表了著名论文《保密系统的通信理论》[2]，用信息论观点对信息保密问题做了全面的论述，将密码学的研究纳入了科学的轨道。同时，为对称密码学系统（Symmetric Cryptosystem）的构建提供了直接的理论基础。1976 年，美国斯坦福大学的 Diffie 和 Hellman 在他们的著名论文 *New directions in cryptography*[3] 中提出公钥密码系统（Public Key Cryptosystem）的概念，为信息安全提供了全新的理论和技术基础，开创了密码学领域的新时代。

公钥密码系统经过近 50 多年发展，广大学者们相继提出了一系列公钥密码算法，还提出了很多新的概念和应用，如数字签名、认证协议、基于身份的密码系统、数字签密等。在实际应用中，当安全需求不是为了数据的保密，而是为了保证数据的可靠性及数据源的不可否认性时，满足这种要求的方法就是使用数字签名技术。数字签名具有的完整性、不可否认性及不可伪造性（身份唯一性）有效保证了信息传输的安全，是信息安全的核心技术之一。在传统社会，许多政治、军事、经济方面的重要文件、条约及合同等需要当事人将自己的名字手写在文件上以表明对文件内容的认可，一旦生效，就具有法律效力。而在当前的信息网络环境中，使用电子文件已成为发展趋势，传统的签名由于双方当事人的地理位置和效率限制不再适用。另外，最重要的是传统签名的安全性不高，被篡改伪造的可能性极大。而数字签名依靠技术手段，使电子文件中可识别签名双方的真实身份，能够保证交易的安全性和真实性及不可抵赖性，起到手写签名或者盖章的同等作用。随着网络信息技术的普及，特别是网上银行、电子商务、电子证券、电子政务、电子邮件、移动通信等领域的快速发展，数字签名的应用需求越来越大，研究安全、高性能及有特殊用途的数字签名，有着十分重要的理论意义和实际意义。

数字签名发展速度非常快，种类也非常多，在文献［1］中 Diffie 和 Hellman 虽然给出了在公钥密码体系中实现数字签名技术的方法，但却没有给出具体的数字签名方案。第一个经典的数字签名方案是由 Rivest、Shamir 和 Adleman[4] 在 1978 年提出的基于大整数分解困难性的 RSA 签名方案。在此之后，大量新的签名方案不断出现，比较著名的签名方案有 1984 年 ElGamal 提出的基于有限域上离散对数的 EIGamal 签名方案[5]；1990 年 Schnorr 提出的 Schnorr 签名方案[6]；1979 年 Rabin 提出的 Rabin 签名方案[7]；还有 DSA 签名方案[8]、Okamoto 签名方案[9]、Fiat - Shamir 签名方案[10]、ECDSA 签名方案[11] 等。

随着数字签名在信息世界的迅速发展以及电子商务、电子政务等应用不断增加的客观要求，为了满足网上银行、电子商务、电子证券、电子政务、电子邮件、移动通信等领域实际应用对数字签名的需求，对于数字签名的研究也从早期的普通数字签名扩展到各种具有特殊性质、满足特殊功能、适应特殊环境的特殊用途的数字签名。其中应用较为广泛的有盲签名、群签名、代理签名、门限签名和环签名等。

盲签名（Blind Signature）指需要签名者对一个文件签名，但又不需要其知道文件内容的特殊签名，由 David Chaum[12] 于 1982 年最先提出。盲签名需要消息的内容对签名人是不可见的，即不能看见消息的具体内容。签名接收者能将签名转化为普通签名，签名人不能把签名的行为与所签的文件相关联。电子选举投票和数字现金常常采用盲签名的原理来实现。群签名（Group Signature）也称团体签名，1991 年由 David Chaum 和 van Heyst[13] 提出。群签名是一种既具有匿名性又有可追踪性的数字签名技术。允许任何群成员（签名人）用自己掌握的签名私钥代表群进行匿名签名，签名验证人可用公开的群公钥验证签名的有效性，但不会知道签名者的身份，如果发生争执，由群管理员公开签名者的真实身份。由于群签名能对签名者提供很好的匿名性，可以防止作弊，因此在电子投标、电子选举、电子拍卖、密钥托管、电子现金、数字版权保护中有着重要的应用。环签名（Ring Signature）由 2001 年 Rivest、Shamir 和 Tauman[14] 提出，环签名与群签名的特点相似，但是环签名完全匿名，即使管理员也不能区分签名是环中哪个成员做出的。环签名的匿名性、自发性和不可关联性是环签名得以被广泛关注的主要原因，特别是环签名的自发性和匿名性，它们是构建电子商务协议不可或缺的性质或要求。因此，环签名在电子商务领域有着较为广泛的应用，如匿名电子选举、电子政务、电子货币系统、密钥分配以及多方安全计算等。而且，环签名的自发形成的特性，即群的 Adhoc 形成方式尤其适合于移动网络中的群体认证和签名。代理签名（Proxy Signature）也称委托签名，由 Mambo、Usuda 和 Okamoto[15] 于 1996 年提出，当某个签名者（原始签名者）由于某种原因不能签名时，将签名权委托给他人（代理签名者）的一种签名，代理签名者不能否认自己的签名。例如：某公司经理（原始签名人）因出差或生病等原因不能行使签名权时，他可以委托其秘书（代理签名人）代替他行使签名权。代理签名在数字签名的权利委托问题上起到了重要作用，在移动代理、电子商务和电子投票等方面得到广泛的实际应用。门限签名需要私钥共享（Secret Sharing）协议来分配群体私钥，秘密共享是信息安全中的一项重要技术，在重要信息和数据的安全存放、传输及合法利用中起着非常重要的作用。一般一个私钥共享方案包括一个私钥分发算法和一个私钥重构算法（详细内容见 2.7.4）。在执行私钥分发算法时，私钥分发者（即可信的第三方）将私钥分割成若干份额（Share）并在一组参与者（Participant）中分配，使得每一个参与者都得到关于该私钥的一个私钥份额；只有参与者的数量达到一定的要求以后，他们联合起来才能运行私钥重构算法，从而正确地恢复出私钥值。不合格的参与者的集合无法恢复出私钥，甚至得不到关于该私钥的任何有用信息。1991 年，Desmedty 和 Frankel 提出了门限签名[16]，一个私钥被分成了 n 份私钥份额，任何 t 个以上的私钥份额合并在一起，都能正确恢复私钥，而少于 t 个的私钥份额合并在一起，一定不能复原私钥。t 被称为门限值，这里显然要求 $t<n$，一般称为（t，n）门限签名体制。门限签名体制主要解决了两个方面的问题：一个是当签名不是面向单一的个人，而是面向团体时，解决了如何由集体成员而非个人代表团体进行数字签名的问题；另一个是以分布式的方式更有效地保护签名私钥安全性，以防止通过获得单个签名私钥来伪造签名者的有效签名。门限签名体制主要用于电子商务中的各种交易方案。

另外，在这些具有特殊用途的签名体制出现后，又相继出现了各种签名体制相互组合而产生的其他签名体制，如群盲签名[17]、代理盲签名[18-23]、门限盲签名[19]、门限代理签名[20]、代理环签名[21,22]等。

1.2 研究意义

1.2.1 基于身份的密码系统

为了简化传统的基于证书的公钥密码系统的密钥管理，Shamir[24]于 1984 年提出了基于身份的密码体制的概念，在基于身份的密码体制中，用户的公钥是直接从其相关身份信息（如用户名、身份证号、E-mail 地址、IP 地址、电话号码、社会保险号等）得到，而私钥则是由一个称为可信的私钥生成中心（PKG）生成。这样，任何两个用户都可以安全通信，并且不需要交换公钥证书，不必保存公钥证书列表，也不用使用在线的第三方，只需一个可信的第三方 PKG 为每个第一次接入系统的用户分配一个对应其公钥的私钥即可。由于在基于身份的密码体制中取消了权威机构证书属性授权机构（Certification Authority），从而减少了在公钥证书的存储和合法性验证方面耗费的大量时间和空间，这样就大大简化了传统的基于证书的公钥密码系统负担繁重的密钥管理过程。Shamir 在文献［24］同时也提出了基于身份的签名方案，此后，人们相继提出了很多实用的基于身份的签名方案[25-31]，在此期间理论上可行的基于身份的加密方案[32-36]出现了一些，而实际可行的基于身份的加密方案直到 2001 年才由 Boneh 和 Franklin[37]提出，Boneh 和 Franklin 利用 Joux[38]提出的将非奇异椭圆曲线中的 Weil 对引入密码学，第一次构造了切实可行的基于身份的加密方案。随后，广大学者以双线性对为工具提出了大量的各种类型的基于身份的加密方案[39-47]和签名方案[48-56]，基于身份的加密体制和签名体制得到充分发展。

1.2.2　基于属性的密码系统

　　基于属性的密码体制扩展了基于身份的密码体制中身份的概念，在基于身份的密码体制中身份对应一个唯一的字符串，如用户名、身份证号、E‑mail 地址、IP 地址、电话号码、社会保险号等，而基于属性的密码体制把身份扩展成一系列属性特征的集合，对身份更细地划分，例如，在某高校信息工程学院，非常重要的电子文件除了保管人员小心保存之外，最有效的方法是加入信息安全技术，将此文件加密，但是这个文件又不是单独给某个领导看，但凡满足一定条件的人员都可以解密文件。这个条件就是基于属性的密码体制所涉及的访问控制结构[57]。总之，基于属性的密码体制涉及的通信方式是一对多，通信双方的交互只需要知道一方具有的属性。而在基于身份的密码体制中，通信方式往往是一对一的，一个人加密就由一个人来解密。因此，基于属性的密码体制在强调匿名性身份和分布式网络系统方面的应用有着基于身份的密码体制不可相比的优势，基于属性的密码体制的应用更为直观、灵活、广泛。基于属性的签名体制（ABS）是基于属性密码系统的重要组成部分，签名者可以声称签名对应于某一组特定的属性集合或某种特定属性访问控制结构，验证者可以验证签名是否是由相应的属性或访问结构拥有者签的，基于属性的数字签名体制最大的特点就是能够细粒度地划分身份特征，机制直观且灵活，主要在身份认证、数据完整性、不可否认性以及匿名性等方面有重要应用，特别是在大型网络安全通信中的私钥分配、认证以及电子商务系统中起到重要作用，所以本书基于属性的签名体制有一定的理论研究与现实意义。

1.3　研究进展

　　基于属性的密码系统由于对身份更细粒度划分，在强调匿名性身份和分布式网络系统方面的应用有着基于身份的密码体制不可相比的优势，自 2005 年被提出以来，得到飞速发展。

1.3.1　基于属性的加密

　　2005 年，Sahai 与 Waters[58]在基于模糊身份的加密方案中第一次提到属性的概念，将通过生物识别技术采集并处理后的特征值直接作为身份信息应用到基于身份的加密方案中，在加密过程中，如果用户 ω 的特征值和另一用户 ω' 的特征值无限接近，则用户 ω 加密的消息可以被用户 ω' 成功解密。随后，Baek[59]针对 Sahai 与 Waters 提出的方案中公共参数的个数是与属性个数成正比的问题改进了方案，使系统公共参数个数大大减少，并且与属性个数无关。2008 年，Yang 等[60]又提出了基于模糊身份的签名方案，用户使用身份属性集 ω 对应的私钥产生签名，如果验证者属性集 ω' 与用户的属性集 ω 交集超过设定的门限值，就可以验证签名是否是由声称的身份属性集 ω 产生的签名。

2006 年，Goyal 等[57]在基于模糊身份的加密方案基础上提出了基于属性的加密体制，定义了细粒度划分的访问控制结构 η，访问控制结构通过以"与""或"为内部节点的访问树实现，以属性为叶子节点，如果密文对应的属性集合 ω 满足用户私钥中定义的访问结构 η，即 $\eta(\omega)=1$，则用户能解密密文。该方案由于嵌入访问树使用户属性集合支持"与""或""门限"等操作，增加了整个系统的灵活性。2007 年，Ostrovsky 等[61]又补充了访问树的"非"操作，使访问控制结构趋于完整。另外，该方案第一次提出了基于属性的密码体制可以分成两大类，即密钥策略加密系统（Key Policy Attribute based Encryption，简称 KP‐ABE）和密文策略加密系统（Ciphertext Policy Attribute based Encryption，简称 CP‐ABE）。Goyal 等提出的方案属于 KP‐ABE，用户的密钥对应一个访问结构，密文对应一个属性集合，属性用来描述密文和提取解密密钥，当且仅当用户属性集合中的属性能够满足访问结构时才能成功解密。CP‐ABE 是指用户的密钥对应一个属性集合，而密文与访问控制结构相关联，属性直接控制了密文的产生，允许加密方决定解密访问结构，如果用户属性集合中的属性满足此访问结构就能顺利解密。2007 年，Bethencourt 等[62]提出了一个密文策略的基于属性的加密方案。KP‐ABE 和 CP‐ABE 系统得到了广大学者的关注，并得到了蓬勃发展[63-67]。

Chase[68]从另一角度对 Sahai 与 Waters 提出的方案进行了扩展，提出多个属性授权机构（Multi‐authority）的概念，设计了一种多属性授权机构的基于属性加密算法（Multi‐authority Attribute based Encryption，简称 MA‐ABE），之前的方案[57-67]都是单个属性授权机构的基于属性密码体制，用户的属性集合 ω 需从一个可信的属性授权机构（Attribute Authority，简称 AA）获得解密或签名的私钥，势必导致单个属性授权机构管理大量不同的属性，会大大增加其工作负担，降低效率，这在现实生活中不太现实，也不实用。实际生活中，驾驶执照号码由机动车辆管理局作为属性授权机构统一发放管理，身份证号码由公安局身份证办理中心作为属性授权机构管理等，所以 Chase 构造的多属性授权机构的基于属性加密方案是很有现实意义的。Chase 构造的方案中，每个属性授权机构分别管理一部分属性并产生相应私钥，为防止多个属性授权机构合谋盗用私钥，方案要求多个授权机构之间不能通信，并额外采用两种技术，一个是用户的全局变量，另一个是由可信的中心属性授权机构（CAA）统一管理多个属性授权机构，每个属性授权机构的工作原理和 Sahai 与 Waters 提出方案中单个属性授权机构相同。2009 年，Chase 等[69]在多属性授权机构密码体制中保护签名者属性身份方面进行改进。但方案中多个属性授权机构需要一个诚实可信的中心属性授权机构（CAA）来统一管理与监督，一旦这个诚实可信的中心属性授权机构被攻破，整个系统就会被攻破，很大程度上限制了整个系统的安全性和实用性。H. Lin 等[70]提出了无中心属性授权机构的多授权加密方案，通过利用分布式密钥生成技术（DKG）[71]和联合的零秘密共享技术（JZZ）[72]成功地将中心属性授权机构（CAA）移除，使多个属性授权机构体制的安全性不再只依赖一个诚实可信的中心属性授权机构，从而提高了系统实用性。

1.3.2　基于属性的数字签名

基于属性的数字签名（ABS）是由基于模糊身份加密体制的概念发展而来，签名者可以声称签名对应于某一组特定的属性或某种特定访问控制结构，验证者可以验证签名是否是由相应的属性或访问结构拥有者签的，基于属性的数字签名机制直观且灵活，能够细粒度地划分身份特征，从而引起了广大学者的关注，相继出现了很多的签名方案。

首先是 Yang 等[60]在 Sahai 与 Waters 提出的方案基础上提出了基于模糊身份的签名方案，如果验证者与签名者的属性集合满足门限值，验证者可以检验为签名者做的签名是否有效。2007 年，Maji 等[73]给出了基于属性的签名方案，对基于属性的签名体制概念进行详细论述，并证明方案在一般群模型（Generic Group Model）是安全的（有关一般群模型知识详见 2.5.4 节内容）。2008 年，郭山清和曾英佩[74]利用访问控制结构提出了一个基于属性的签名方案，如果签名者对应的属性集合 ω 满足访问控制结构 η，签名者从属性授权机构（Attribute Authority，简称 AA）获得签名私钥，验证者可以验证签名是否为具有属性集合 ω 的签名者产生的签名。

2007 年，Khader[75-76]先后提出了基于属性的群签名方案和具有撤销功能的基于属性的群签名方案，拥有一定属性数量的群成员可以代表群进行签名，签名者所拥有的属性特征对于验证者和群里其他成员都是隐蔽的，只有群管理员知道。

J. Li 等[77]于 2008 年提出了一个新的特殊签名体制——基于属性签名的环签名，为了实现环签名的完全匿名性，方案中采用额外的默认属性集合与签名者的属性集合进行并集，再从可信的属性授权机构（AA）获得签名私钥，从而实现环成员可以代替环签名，同时环内任何成员包括环管理员也无法揭示签名者的身份属性集合。2010 年，J. Li 等[78]对之前的方案进行改进，将每个属性获得对应的私钥过程整合为一次完成，直接用整合的签名私钥一次性将签名过程完成，大大提高了系统的工作效率。而且签名长度减少了一半，签名过程和验证过程的时间也缩短将近百分之六十。另外，为了不完全依赖一个可信的属性授权机构（AA），方案根据文献［68］构造了一个多属性授权机构的基于属性签名方案。同年，J. Li 等[79]又提出无需匿名撤销的基于属性的签名方案。

Sha‐handashti and Safavi‐Naini[80]于 2009 年提出了基于属性的（t，n）门限签名方案，如果签名者的属性集合与验证者的属性集合交集达到系统的门限值 t，验证者可以检验是否为合法的签名。2011 年，D. Cao 等[81]在 chase 提出的多属性授权机构的基于属性的加密方案基础上将之前自己设计的方案[82]扩展成一个多属性授权机构的签名方案，将安全性依赖多个属性授权机构，而不是仅仅依赖单个属性授权机构。

代理签名在解决权利委托问题上起到了重要作用，是当某个签名者（原始签名者）由于某种原因不能签名时，将签名权委托给他人（代理签名者）代替自己行使的一种签名。而基于属性的代理签名的研究目前还处在研究初级阶段，文献[83]只是将设计的属性签名方案简单的扩展到代理签名中，实现基于属性的代理签名尝试，但方案满足不了代理签名的强不可否认性和强可识别性，基于属性的代理签名还需要更进一步深入研究。

1.3.3　基于属性的签名有待研究的问题

目前大部分基于属性的签名方案都是属于单个属性授权机构（AA）的签名方案，用户的每个属性需向一个可信的属性授权机构获得签名私钥，这就需要可信的单个属性授权机构管理大量属性，会增加其工作负担，整个系统降低效率，现实生活中也不太现实，在实际生活中，驾驶执照号码由机动车辆管理局授权机构统一发放管理，身份证号码由公安局身份证办理授权机构管理等；另外，一旦可信的单个属性授权机构被攻破，整个系统将会崩溃，所以设计出实用的、安全的多属性授权机构的签名方案是很有必要的。当前有关多个属性授权机构的基于属性的签名方案（MA‐ABS）方面的研究很少，D. Cao 等[81]

进行了尝试，构造了一个比较实用的方案，但没有提到方案的安全性。设计出实用的、安全的多个属性授权机构的签名方案是本书重点研究的一个方面。

基于身份的密码体制虽然大大简化了传统的基于证书的公钥密码体制的密钥管理过程，但其最大的问题就是密钥托管问题[84,85]，密钥生成中心（PKG）知道所有用户的私钥，PKG可以冒充任何用户进行加密或者签名，并且不会被发现，这样整个系统就崩溃了，所以为了保证系统安全必须要求PKG是无条件可信的，这是基于身份的密码体制的缺陷，许多学者先后提出很多无需可信密钥生成中心（PKG）的方案[86-88]来解决这个问题。同样，在基于属性的密码体制中也存在密钥托管的问题，用户通过拥有的属性向属性授权机构（AA）获得私钥，那么AA也可以冒充任何用户进行加密或签名，使整个系统处于不安全状态，目前关于无需可信属性授权机构（AA）的签名方案的研究还很少，这是本书的另一研究重点。

代理签名在解决加密或者签名的权利委托问题上起到了重要作用，它是指当某个签名者（原始签名者）由于某种原因不能签名时，将签名权委托给他人（代理签名者）代替自己行使签名权的一种签名，同时代理签名者不能否认自己的签名。目前，基于属性的代理签名的研究还很少，文献[83]只是将设计的属性签名方案简单地扩展到代理签名中，实现基于属性的代理签名尝试，但有很多问题存在，比如方案满足不了代理签名体制必须的强不可否认性和强可识别性。本书的第3个研究内容是设计出安全的基于属性的代理签名算法，实现原始签名者将签名权委托给具有一组满足条件的属性特征的代理签名人，解决签名体制中权利委托问题。

1.4　本书的主要研究工作

本书主要着眼于设计安全可靠、实用的基于属性签名方案，重点对基于属性签名方案的多属性授权机构、无可信中心的授权机构、签名托管/委托及可证明安全等问题展开研究，并得到一些研究结果。

本书获得国家"863"重大专项"密码算法和安全协议检测分析技术与测评系统"（2007AA01Z472），国家自然科学基金项目"可证明安全的公钥加密方案设计与分析"（60773002），国家自然科学基金项目"多相序列设计及应用研究"（61072140），高等学校博士学科点专项科研基金项目"密码协议自动化检测技术研究"（201002031100）及高等学校创新引智计划项目"现代无线信息网络基础理论与技术学科创新引智基地"（B08038）等项目资助，对基于属性的签名体制进行深入研究。

研究结果如下：

（1）深入研究多属性授权机构的加密体制，采用访问控制结构，尝试设计出一个多属性授权机构的基于属性的签名方案，用户的多个属性由不同的授权机构监管，并分别对其中的每个属性产生签名私钥，在每个授权机构内部，只有各部分属性集合满足访问控制结构才能行使签名的权利，验证者可以检验签名是否为用户的有效签名。方案中多个属性授权机构要求不能互相通信，由一个中心属性授权机构（CAA）统一管理。文中分析了方案的安全性，其能够抵抗伪造性攻击和合谋攻击，拥有保护签名者的私密信息和较高的签名效率的优势。

（2）更进一步研究多个属性授权机构的基于属性签名体制，之前提出的方案只是分析了安全性，并没有严格的安全证明过程。本书采用全域属性参数，使用访问结构树对属性进行细粒度划分，并系统地证明方案的安全性，证明方案能够抵抗伪造性攻击及抗合谋攻击，安全性归约为计算 Diffie - Hellman问题。

（3）以往提出的多属性授权机构方案中多个属性授权机构之间要求不能互相通信，并需要有一个中心属性授权机构（CAA）统一管理。本书在 H. Lin等提出的无中心属性授权机构的多授权加密方案基础上设计出一个无需中心属性授权机构的多属性授权机构的签名方案，利用分布式密钥生成技术（DKG）和联合的零秘密共享技术（JZZ）成功地将中心属性授权机构移除，使多属性授权机构体制的安全性不再受可信的中心属性授权机构约束，从而提高了系统安全性和实用性。本书同时给出了方案的安全性证明过程。

（4）为了解决基于属性签名体制的密钥托管问题，本书提出了无需可信属性授权机构的签名方案，用户通过拥有的属性值向属性授权机构（AA）获得私钥，用户再加入自己的私钥共同形成签名私钥。这样，由于属性授权机构（AA）并不完全知道用户的全部签名私钥，就无法冒充用户签名，从而保证了系统的安全。本书定义了方案的安全模型，并给出了完整的证明过程，证明该方案的安全归约为计算 Diffie - Hellman 问题。

（5）为了解决基于属性签名体制中签名权利委托问题，本书通过研究基于身份的代理签名体制，提出了一种新的实用的代理签名方案，原始签名者将签名权利委托给具有一组属性特征的代理签名人，验证者可以检验签名是否为代理签名人的有效签名，并且代理签名者不能否认自己的签名。本书分析了方案具有可区分性、可验证性、强不可伪造性、强可识别性、强不可否认性、抗滥用性及抗合谋攻击的安全性。

（6）为了获得可证明安全的基于属性的代理签名方案，进一步深入研究基于身份的代理签名体制，提出了一个可证明安全的基于属性的代理签名方案，定义了基于属性代理签名的安全模型，并给出了完整的证明过程，证明该方案的安全归约为计算 Diffie - Hellman 问题。

1.5 本书的内容安排

本书共分为六部分，分别从绪论、基础知识、多属性授权机构的基于属性的签名体制、无需可信属性授权机构的基于属性的签名体制、基于属性的代理签名算法设计与分析及结束语这六个方面加以讨论，各章节安排如图 1 - 1 所示。

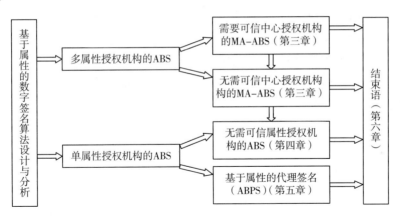

图 1-1 各章关系结构图

第一章是绪论部分，首先简单介绍数字签名的研究背景及其发展现状，然后对基于属性的加密体制和签名体制的研究意义做了归纳，并回顾了加密体制和签名体制的发展历程，针对目前基于属性的签名体制中存在的一些问题提出了几点关于本书的研究内容。

第二章是基础理论知识部分，首先介绍双线性对的基本概念和性质，然后介绍相关的数学问题和安全性假设，再介绍数字签名的定义和安全模型，最后介绍基于属性签名的形式化定义及安全模型。

第三章主要研究多属性授权机构的基于属性签名体制，首先尝试设计一个多属性授权机构的基于属性签名方案，并分析方案的安全性；进一步深入研究多属性授权机构的基于属性签名体制，在全域属性参数环境下设计了一个方案，采用访问控制结构对属性进行细粒度划分，并给出完整的可证明安全过程；最后设计一个不需要可信的中心属性授权机构的签名方案，使用归约方法证明了方案的安全性，方案提高了系统的安全性和实用性。

第四章主要研究基于属性签名体制的密钥托管问题，设计了无需可信属性授权机构的签名方案，为了阻止属性授权机构（AA）冒充签名者进行签名伪造，方案采用签名用户的签名私钥由 AA 和用户共同产生，文中同时给出了无需可信属性授权机构的签名方案的形式化定义和安全模型，并使用归约的研究方法证明了方案的安全性。

第五章主要研究基于属性的代理签名体制，原始签名者将签名权利委托给具有一组属性特征的代理签名人，验证者可以检验签名是否为代理签名人的有效签名，并且代理签名者不能否认自己给出的签名。本章首先尝试着基于访问控制结构提出了一种新的实用的方案，并分析代理签名应该具有的 6 大安全性及抗合谋攻击的安全性。进一步研究基于属性的代理签名体制，在全域参数环境下设计了一个代理签名方案，给出方案的形式化定义及安全模型，并第一次系统地给出方案的可证明安全过程，方案使用归约的研究方法证明安全性。

第二章 基础知识

本章主要介绍的是基础知识，首先是群和有限域的相关代数基础知识，然后介绍双线性对的基本概念和性质及相关的数学问题和安全性假设，再介绍数字签名的定义、性质和攻击模型，最后介绍基于属性签名的形式化定义、安全性要求及相关概念，这些知识将是本书的理论基础。

2.1 群概念

定义 2.1 群（Group）[89]：设 G 是一个非空集合，在 G 定义一个二元运算"$\cdot$"，如果 G 满足下面几个条件：

（1）结合律：对于任何 a，b，$c \in G$，有 $(a \cdot b) \cdot c = a \cdot (b \cdot c)$。

（2）单位元：存在单位元 e 使得对于任何 $a \in G$，都有 $a \cdot e = e \cdot a = a$。

（3）逆元：对于任何 $a \in G$，都有元素 a^{-1} 使得 $a^{-1} \cdot a = a \cdot a^{-1} = e$。

那么 G 就称为一个群。e 称为 G 的单位元，a^{-1} 称为 a 的逆元。

定义 2.2 阶（Order）：群 G 中元素的个数叫做该群的阶，用 $|G|$ 表示，如果 $|G|$ 是有限的，则称群 G 为有限群。

定义 2.3 阿贝尔群（Abelian Group）：若对任何 a，$b \in G$，有 $a \cdot b = b \cdot a$，则称群 G 为阿贝尔群或交换群。

定义 2.4 循环群（Cyclic Group）：若存在一个元素 g，使得对于任何 $a \in G$ 都存在一个整数 $i \in \mathbf{Z}$，满足 $a = g^i$，则称群 G 为一个循环群。其中，g 称为 G 的生成元（generator）。

2.2 有限域

定义 2.5 有限域 F（Finite Field）：由一个只有有限元素的集合，和两个运算加法（用"$+$"表示）和乘法（用"$\cdot$"表示）所组成。这两个运算必须符合以下特征。

假设 $(F, +, \cdot)$ 是一个由 p 个元素组成的集合，元素间的这两种运算除了满足封闭性以外，还必须满足：

（1）$(F, +)$ 是可交换群，对所有的 a，b，$c \in F$，$(a+b)+c = a+(b+c)$；存在唯一的元素 e 使得对于所有的元素 $a \in F$，都有 $a+e = a$，这个元素叫加法单位元，本书用 0 表示单位元；对于所有的元素 $a \in F$，存在 a^{-1} 使得 $a+a^{-1} = 0$，a^{-1} 叫做 a 的加法逆元；对于所有的 a，$b \in F$，$a+b = b+a$。

（2）$(F', +)$ 是可交换群，$F' = F/\{0\}$，对所有的 a，b，$c \in F$，$(a \cdot b) \cdot c = a \cdot (b \cdot c)$；存在唯一的元素 e 使得对于所有的元素 $a \in F$，都有 $a \cdot e = a$，这个元素叫乘法单位元，本书用 1 表示单位元；对于所有的元素 $a \in F$，存在 a^{-1} 使得 $a \cdot a^{-1} = 1$，a^{-1} 叫做 a 的乘法逆元；对于所有的 a，$b \in F$，$a \cdot b = b \cdot a$。

（3）$(F, +, \cdot)$ 满足分配率，对所有的 a，b，$c \in F$，都有 $a \cdot (b+c) = a \cdot b + a \cdot c$。

2.3 双线性对

2.3.1 双线性对的定义

设 G_1、G_2 是阶为素数 p 的循环群，g 是群 G_1 的生成元，映射 e：$G_1 \times G_1 \rightarrow G_2$ 为一个双线性对，当且仅当 e 满足以下性质：

（1）双线性：对于任意的 g_1，$g_2 \in G_1$ 和 a，$b \in \mathbf{Z}$，都有 $e(g_1^a, g_2^b) = e(g_1, g_2)^{ab}$。

（2）非退化性：对于生成元 g，有 $e(g, g) \neq 1$，1 是 G_2 中的单位元。

（3）可计算性：存在一个有效的算法，对任意的 g_1，$g_2 \in G_1$，可以计算 $e(g_1, g_2)$ 的值。

目前，在密码学中广泛应用的双线性对还只能通过有限域上的超奇异椭圆曲线或超奇异椭圆曲线中的 Weil 对或 Tate 对[37,90-93]推导出来。对于是否存在其他类型的双线性对仍然是密码学中一个开放性的问题。双线性对首先是一个双线性函数，而双线性函数是广泛存在的。其次，困难问题是为了保证密码系统的安全性，基于群上计算离散对数的困难性是必须的。所以必须在满足计算离散对数困难性的某些群上去构造可计算的双线性函数。其实所有的签名体制都是基于某些数学困难问题的，比如 RSA 是基于大整数分解的困难性的，ElGamal 签名体制是基于计算离散对数的困难性的，下面介绍签名体制所涉及的数学问题和困难假设。

2.3.2 数学问题及困难假设

目前，所有的加密体制和签名体制之所以安全，是在于方案是基于某个困难的数学问题而设计的，密码学系统经常使用的数学困难问题有以下几个。

定义 2.6 离散对数问题[94]（Discrete Logarithm Problem，简称 DL 问题）：设 G_1 是阶为素数 p 的循环群，g 是群 G_1 的生成元，已知 $g_1 \in G_1$，求能满足 $g_1 = g^a$ 的解 $a(a \in \mathbf{Z}_p)$。

如果没有能在运算时间 t 内以不可忽略的概率 ε 解决群 G_1 上 DL 问题的算法，则称 DL 问题在群 G_1 中是困难的，这就是 DL 困难假设。

定义 2.7 计算 Diffie - Hellman 问题[95]（Computational Diffie Hellman Problem，简称 CDH 问题）：设 G_1 是阶为素数 p 的循环群，g 是群 G_1 的生成元，对任意的 a，$b \in \mathbf{Z}_p^*$，已知 g，g^a，$g^b \in G_1$，计算 g^{ab}。

如果没有能在运算时间 t 内以不可忽略的概率 ε 解决群 G_1 上 CDH 问题的算法，则称 CDH 问题在群 G_1 中是困难的，这就是 CDH 困难假设。

定义 2.8 判定性 Diffie - Hellman 问题[96]（Decisional Diffie - Hellman Problem，简称 DDH 问题）：设 G_1 是阶为素数 p 的循环群，g 是群 G_1 的生成元，对任意的 a，b，$c \in \mathbf{Z}_p^*$，已知 g，g^a，g^b，$g^c \in G_1$，判断 $c = a \cdot b$ 是否相等。

如果没有能在运算时间 t 内以不可忽略的概率 ε 解决群 G_1 上 DDH 问题的算法，则称 DDH 问题在群 G_1 中是困难的，这就是 DDH 困难假设。

在出现双线性对的概念之后，又出现了对应的一系列的双线性 Diffie Hellman 问题[94]。

定义 2.9 双线性 Diffie Hellman 问题（Bilinear Diffie Hellman Problem，简称 BDH 问题）：设 G_1 是阶为素数 p 的循环群，g 是群 G_1 的生成元，对任意的 a，b，$c \in \mathbf{Z}_p^*$，已知 g，g^a，g^b，$g^c \in G_1$，计算 $e(g, g)^{abc} \in G_1$。

如果没有能在运算时间 t 内以不可忽略的概率 ε 解决群 G_1 上 BDDH 问题的算法，则称 BDDH 问题在群 G_1 中是困难的，这就是 BDDH 困难假设。

定义 2.10 判定双线性 Diffie Hellman 问题（Dcisional Bilinear Diffie Hellman Problem，简称 DBDH 问题）：设 G_1 是阶为素数 p 的循环群，g 是群 G_1 的生成元，对任意的 a，b，$c \in \mathbf{Z}_p^*$，已知 g，g^a，g^b，g^c，$h \in G_1$，判断 $e(g, g)^{abc} = h$ 是否相等。

如果没有能在运算时间 t 内以不可忽略的概率 ε 解决群 G_1 上 DBDH 问题的算法，则称 DBDH 问题在群 G_1 中是困难的，这就是 DBDH 困难假设。

上述困难问题的困难程度是不一样的，CDH 问题不比 DL 问题更难，DDH 问题不比 CDH 问题更难，即如果能够求解 DL 问题，CDH 问题和 DDH 问题就容易解决；如果能够求解 CDH 问题，DDH 问题就容易解决。同样，在有关双线性对的数学问题中，如果能够求解 BDH 问题，DBDH 问题就容易解决。

2.4　哈希函数

哈希函数在密码学中扮演着极其重要的角色。密码学中的哈希函数可用于保障数据的完整性，广泛应用于数字签名，可以提高数字签名速度，破坏签名方案某些代数结构（如同态），还可应用于数据完整性和消息源的检测等。哈希函数（Hash Functions）也称为散列函数或杂凑函数，在签名体制中起着重要作用，是数字签名算法中常用的一类函数，主要是为任意长的明文消息生成固定长度的消息摘要，一方面可以加快签名的速度，另一方面可以破坏明文消息的原有数学排列结构。另外，在具有实用安全性的公钥密码系统中，Hash函数常被用于实现密文正确性的验证机制，在需要随机数的密码学应用中，也常被用做实用的伪随机函数。

2.4.1　哈希函数定义与性质

定义 2.11　（哈希函数）：一个哈希函数 H 是一个有效的确定性算法，它可将任意长度的比特串输入（如 $x \in \{0, 1\}^*$）映射到一个有限集合 D 中的一个固定长度为 k 的元素，即 $H(x) \in D$，一般设为 $H: \{0, 1\}^* \rightarrow \{0, 1\}^k$。

哈希函数是多对一的函数，不可避免地存在碰撞（collisions）[97]，即存在不同的输入被映射到同一个输出。为了实现密码学的安全性目标，要求找到这样的碰撞在计算上是困难的。哈希函数一般具有以下性质[98,99]：

（1）可用于任意长度消息的输入，即 x 任意长度。

（2）能产生固定长度的输出，即 $H(x)$ 长度固定。

（3）对任何给定的消息 x，计算 $H(x)$ 比较容易，硬件和软件均可实现。

（4）单向性（Pre-image resistance）：已知哈希函数值 y，找到一个原像输入 x，且满足 $H(x) = y$ 在计算上是不可行的。

（5）第二原像稳固（2nd pre-image resistance）：给定一个原像输入 x，找到第二个不同的原像输入 x'，且满足 $H(x) = H(x')$ 在计算上是不可行的。也称为弱抗碰撞性（Weak Collusion resistance）。

（6）强抗碰撞性（Strong Collusion resistance）：找到任何两个不同的输入 x、x'，且满足 $H(x) = H(x')$ 在计算上是不可行的。注意，这里可以自由地对两个输入进行选择。

需要指出的是，具有弱抗碰撞性的 Hash 函数随着使用次数的增加，安全性也将逐渐降低，因为使用该 Hash 函数压缩的消息越多，找到一个消息的 Hash 值等于之前某个消息的 Hash 值的概率就越大，从而降低系统的总体安全性；而具有抗强碰撞性的哈希函数则不会随着重复使用而降低安全性；显然，抗强碰撞哈希函数的安全性更高。Hash 函数的困难性依赖于现实的安全要求，假定攻破 Hash 函数的最好算法是穷尽搜索攻击，Hash 函数的困难性就完全依赖于输出的比特长度，一般要求输出长为 $k=160$ 比特。

2.4.2 常用散列函数的构造算法

目前，单项散列函数的构造算法有很多种，如 Snefru 算法、N–Hash 算法、MD2 算法、MD4 算法、MD5 算法、SHA–1 算法等，常用的算法有 MD5 算法和 SHA–1 算法。

(1) MD5 算法：MD 表示信息摘要（Message Digest）。MD4 是 Ron Rivest 设计的单向散列算法，其公布后由于有人分析出算法的前两轮存在差分密码攻击的可能，因而 Rivest 对其进行了修改，产生了 MD5 算法。MD5 算法将输入文本划分成 512bit 的分组，每一个分组又划分为 16 个 32bit 的子分组，输出由 4 个 32bit 的分组级联成一个 128bit 的散列值。

(2) 安全散列算法（SHA）：由美国国家标准和技术协会（NIST）提出，在 1993 年公布并作为联邦信息处理标准（FIPS PUB 180），之后在 1995 年发布了修订版 FIPS PUB 180，通常称之为 SHA–1。SHA 是基于 MD4 算法的，在设计上很大程度是模仿 MD4 的。SHA–1 算法将输入长度最大不超过 264bit 的报文划分成 512bit 的分组，产生一个 160bit 的输出。

由于 MD5 与 SHA–1 都是由 MD4 导出的，因此两者在算法、强度和其他特性上都很相似。它们之间最显著和最重要的区别是 SHA–1 的输出值比 MD5 的输出值长 32bit，因此 SHA–1 对强行攻击有更大的强度。同时，MD5 的算法公开，它的设计容易受到密码分析的攻击，而有关 SHA–1 的设计标准几乎没有公开过，因此很难判定它的强度。另外，在相同硬件的条件下由于 SHA–1 运算步骤多且要处理 160bit 的缓存，因此比 MD5 仅处理 128bit 缓存速度要慢。SHA–1 与 MD5 两个算法的共同点是算法描述简单、易于实现，并且无需冗长的程序。

目前，王小云等研究学者[100-104]已经成功破解了 MD5 和 SHA–1 等以前公认安全的 Hash 算法，这无疑给设计出安全的哈希函数提出了更高的要求，本书暂时不涉及如何设计安全的哈希函数方面知识，我们使用的哈希函数仍然假定具有强无碰撞的 Hash 函数。

2.5 可证明安全

为了证明方案的安全性，20 世纪 80 年代 Goldwasser 与 Micali 等人提出了可证明安全的思想[105,106]：在公认的计算复杂性理论假设下，可以给出方案的安全性证明。可证明安全不仅是一种证明方法，也是一种设计方案的方法与依据，成为现代密码学领域中理论工作的主流，特别在对国际密码标准进行大量分析之后，密码学专家们越来越意识到可证明安全的重要性。目前，可证明安全已成为大多数密码算法和协议公认的基本要求。

2.5.1 可证明安全的三要素

可证明安全实际上是一种安全性归约[107]，先确定方案的攻击模型，然后根据攻击者的能力构建一个形式化的安全模型，对某个基于"原始本原"（Atomic Primitives）的特定方案，基于以上形式化的模型去分析；本质上是把攻破方案转化为能够解决某个"原始本原"，而不去直接分析证明方案本身。可证明安全方法中关键是如何建立安全性归约。只要建立了安全性归约，就说明如果方案的安全性被攻破，则相应的数学问题就可以被解决。但是数学问题通常被公认是不可解的，产生矛盾！从而方案是安全的。以上所说的"原始本原"，在密码学中一般指数学问题，如前面描述的离散对数问题、计算 Diffie - Hellman 问题等。总之，可证明安全就是在一定的攻击模型下证明方案能够达到的安全目标，安全模型、归约证明、"原始本原"是可证明安全理论的重要组成部分，也被称为可证明安全理论的三要素[108]，具体描述如下[109]：

（1）"原始本原"：一般就是指数学问题，指解决该问题的概率在多项式时间内是可忽略的问题，如离散对数问题和基于双线性对的困难问题。

（2）安全模型：安全模型的选择是可证明安全方法的关键部分，需要从两个方面来定义，一个是攻击者的攻击行为，另一个是攻击者的攻击目的。攻击行为是对可能采取攻击方法的形式化描述，攻击者的攻击目的是定义攻击者攻击方案能成功达到的目标。比如在基于属性的签名体制中，攻击者的目的是冒充某个主体的属性身份，攻击行为可以是骗取该主体对某个消息的签名；攻击行为描述了攻击者为了达到目的而采用的一些行为，如果攻击者在某种攻击行为下不能达到某种攻击目的，那么方案就被定义为在这种攻击下是安全的。一般来说，如果攻击者具有最强的攻击行为和最简单的攻击目的，这样的安全模型能提供最好的安全性。典型的安全模型包括 BR 系列模型[110,111]、CK 模型[112,113]、BRP[114-116]模型、UC 模型[117,118]等。

（3）安全归约：如何利用各种技术构造出一个算法来实现从攻击者攻击能力到困难问题的归约是可证安全的技巧体现。该算法的构造目的是为攻击者提供了一种在多项式时间内与真实环境不可区分的模拟环境，并允许攻击者发挥其攻击能力。在构造算法时，需要将困难问题的实例嵌入模拟过程，让攻击者在攻破方案的同时也不知不觉地解决了困难的数学问题，由于数学问题被公认是不可求解的，由此产生矛盾，进而证明方案是安全的。总的来说，可证明安全就是在一定的安全模型下利用归约方法证明安全方案能够达到特定的安全目标。

2.5.2　安全模型

目前，可证明安全性理论被广大学者关注并取得了巨大的成就[119-124]，可证明安全性理论研究的安全模型常用的有三种：随机预言机模型（Random Oracle Model)[119]、一般群模型（Generic Group Model)[120] 和标准模型 (Standard Model)[121]。前两种模型是人们为了方便证明，对算法中的一些对象进行合理的假设，最终将安全性归约到某个困难问题而提出的模型。比如，在随机预言机模型中 Hash 函数往往被看作是理想和安全的，而实际应用中的 Hash 函数不可能是真正的随机函数，这就会让人质疑随机预言机模型中的可证明安全理论[121]，这样就出现了标准模型的可证明安全理论的研究。所谓标准模型指的是在安全性证明过程中不需要对算法中的一些对象进行合理的假设，只需要一些标准的数论假设，如离散对数的计算是困难的，因而在标准模型下的安全性更令人信服。

2.5.2.1　随机预言机模型

随机预言机模型是从 Hash 函数抽象出来的一种模型，用 Hash 函数替代现实生活中生成伪随机数的函数，可以抵抗一些未知的攻击和用来设计某些安全的理想系统。

一般而言，随机预言模型需要对哈希函数理想化，并对其外部行为进行模拟，一般满足下面的性质：

（1）均匀性：预言机的输出域上均匀分布；

（2）确定性：相同的输入，输出值必定是相同的；

（3）有效性：给定一个输入串 x，输出的计算可以在关于 x 的长度规模的低阶多项式（理想情况是线性的）时间内完成。

在随机预言机模型证明安全过程中，当安全模型建立完成后，为了证明密码学方案的安全性，往往需要构造一个算法来充当挑战者的角色。对算法的输入是某个困难问题的一个实例（instance），假设存在一个或多个随机预言机，方案的所有参与者都可以对随机预言机进行询问，而算法的任务就是通过与一个假设存在的攻击者进行多项式时间内的交互，最终输出该困难问题实例的解，从而在 Hash 函数是安全的论断下，最终说明了密码方案的安全性。

2.5.2.2 一般群模型

在一般群模型中，假设离散对数困难问题群中的运算可由一个一般群预言机实现，该预言机在保证运算合理的条件下，输出是完全随机的。一般群模型也被有效地运用于密码体制的安全性证明，数字签名算法 DSA 和 ECDSA 就是一般群模型下可证安全的。但是，和随机预言机模型相同，一般群模型下可证安全的体制也并不一定是安全的[122]。

2.5.2.3 标准模型

标准模型在建立安全性归约时，不再假设双方有一个公开的随机预言机，算法仍然是双方通过预言机来进行交互，只是预言机内部的映射并不是随机指定的，必须符合设计方案中的函数关系，最终将方案的安全性归约到某个数学困难问题上，这就大大增加了方案设计的难度。在标准模型中，虽然标准模型更具实际意义且安全性高，但其设计复杂、效率较低，随机预言机模型和一般群模型虽是理想化的安全性理论，但设计简单且效率高，所以研究这三种模型下的可证明安全理论都是很有意义的[123-124]。

虽然随机预言机模型和一般群模型在理论上获得的结论并不尽如人意，但如果算法在这两个模型下是可证明安全，仍然是当前人们所广泛接受的安全指标。例如，NESSIE 评估中，随机预言机模型下可证安全是一个重要的评选依据。ElGamal 型加密体制、Schnor 签名体制以及 NESSIE 入围的体制等均是随机预言机模型下可证安全的，著名的数字签名算法 DSA 和 ECDSA 是一般群模型下可证明安全的。本书提出的基于属性的数字签名算法大部分在随机预言机模型下是可证明安全的，是有一定的研究意义。

2.6 数字签名相关概念

2.6.1 数字签名的定义与性质

数字签名是密码学中的重要问题之一，它是传统手写签名的模拟，能够实现用户对电子形式存放消息的认证。数字签名的目的有：使接收方能够确认发送方的签名，但不能伪造；发送方发出签了名的消息给接收方后，就不能否认它所签发的消息；一旦收发双方就消息的内容和来源发生争执时，可由仲裁者解决收发双方的争端。另外，和手写签名一样，数字签名也可以带有时间戳，从而可以获得前向安全性，即当前的密钥泄漏不会影响到以前签名的有效性。

2.6.1.1　签名方案包含的算法

一个签名方案一般包括以下几个算法：

（1）系统建立算法（Setup）：输入参数 1^l，l 是系统的安全参数，输出系统参数和系统私钥对（MK，MP），公开系统参数 MP，秘密保存系统私钥 MK；

（2）密钥生成算法（Key generation）：是系统运行的概率多项式算法，系统为签名用户产生私钥 SK 和公钥 PK。

（3）签名算法（Sign）：是签名者执行的概率多项式算法，输入私钥 SK 和消息 $M \in \{0, 1\}^*$，输出签名 σ。

（4）验证算法（Verify）：是验证者执行的一个确定性算法，输入公钥 PK，消息 $M \in \{0, 1\}^*$ 和签名 σ，输出 1，表示 σ 是有效的签名并接受；否则，输出为 0，表示 σ 是无效的签名且拒绝（$\perp$）。

2.6.1.2　安全的数字签名方案应具备的性质

数字签名具有的完整性、不可否认性及不可伪造性（身份唯一性）保证了信息传输的安全，一个安全的数字签名方案应具备以下三个性质[125]：

（1）完整性：一个被签了名的消息，无法分割成为若干个被签了名的子消息。这一性质保证了被签名的消息不能被断章取义。签名通常与签名消息一起发送，任何对签名信息的改动都将会导致签名无法通过验证。因此，签名可以保证消息的完整性。

（2）不可伪造性：也称为身份唯一性，是指攻击者在不知道签名者私钥的情况下无法伪造出签名者的有效签名。这一性质保证了被签名者签名的消息只能由签名者生成。

（3）不可否认性：也称为公开可验证性，是指所有合法签名都能被有效地验证。对于某个数字签名，所有人都能利用签名者的公钥和相关信息对签名进行验证，并通过公钥来确定签名者的身份，签名者无法对自己的签名进行否认，即签名具有不可否认性，这使得签名可以被用来对消息的发送者进行身份认证。

2.6.2　数字签名的攻击模型

所谓攻击模型，就是攻击方（一般称为敌方）攻击方案时能够最大限度地获得的有用信息。目前，数字签名体制的攻击模型一般有两种：惟密钥攻击

(Key Only Attack) 和已知信息攻击 (Known Message Attack)。惟密钥攻击也称无消息攻击 (No Message Attack)，即仅知道签名者的公钥，其他一概不知。而在已知消息攻击中，除了知道签名者的公钥，还可以获得一些消息对应的签名。

根据敌方的攻击能力，一般将已知消息攻击分为以下三类：

（1）简单的已知消息攻击 (Known Message Attack)：拥有一些消息对应的签名，但这些消息是已知的，不是由敌方自己决定的。

（2）选择消息攻击 (Chosen Message Attack)：在选定攻击对象之前，可以选择一些消息请求签名服务，并能获得对应的有效签名。这种攻击类似于对加密方案的选择密文攻击。

（3）自适应选择消息攻击 (Adaptively Chosen Message Attack)：可以选择一些消息请求签名服务，并能获得对应的有效签名。随后，可以根据之前的签名结果再选择一些消息请求签名服务，并获得有效签名。

可以看出上述攻击模型的攻击性是逐渐增强的。我们在设计方案时一般都应考虑最强的攻击模型，即自适应选择消息的攻击模型。

2.6.3　数字签名的伪造

对数字签名的伪造，根据攻击的结果一般可以分为[126]：完全攻击 (Total Break)、一般性伪造 (Universe Forgery) 和存在性伪造 (Existential Forgery)。

（1）完全攻击：如果伪造者获得签名者的私钥，就称为完全攻击，伪造者能对任何信息进行有效的签名，这是最严重的攻击。

（2）一般性伪造：如果伪造者能构造一个有效的算法对任何信息都能进行有效的签名，称为一般性伪造。

（3）存在性伪造：如果伪造者能对某个消息提供有效的签名，称为存在性伪造。

可以看出上述伪造对数字签名的攻击性是逐渐减弱的。在很多情况下，存在性伪造的攻击是没有威胁性的，因为这样对输出的消息可能是无意义的。但我们在设计方案时一般都要考虑抵抗此类伪造攻击。

定义 2.12　数字签名的安全性：如果签名方案在自适应选择消息的攻击模型下是存在性不可伪造的，那么此签名方案是安全的。

2.7　基于属性的签名体制相关概念

基于属性的签名体制由基于身份的签名体制发展而来，基于身份的签名体制中用户的身份对应一个唯一的字符串，如用户名、身份证号、E-mail 地址、IP 地址、电话号码、社会保险号等，而基于属性的签名体制对身份更细粒度地划分，把身份扩展成一系列属性特征的集合。对于基于属性的签名体制研究，本书所设计的很多算法都是受基于身份的签名体制的启发，下面先介绍有关基于身份的签名体制相关概念。

2.7.1　基于身份的签名体制

1984 年 Shamir 提出基于身份的加密、签名、认证的设想，其中身份可以是用户的姓名、身份证号码、地址、E-mail 地址、IP 地址、电话号码、社会保险号等。系统中每个用户都有一个身份，用户的公钥就是用户的身份，或者是可以通过一个公开的算法根据用户的身份容易地计算出来，而私钥则是由可信的私钥生成中心（PKG）统一生成。在基于身份的密码系统中，任意两个用户都可以安全通信，不需要交换公钥证书，不必保存公钥证书列表，也不必使用在线的第三方，只需一个可信的私钥发行中心为每个第一次接入系统的用户分配一个对应其公钥的私钥就可以了。基于身份的密码系统不存在传统 CA 颁发证书，从而减少了在公钥证书的存储和合法性验证方面耗费的大量时间和空间，这样就简化了传统的基于证书的公钥密码系统负担繁重的密钥管理过程。

基于身份的数字签名系统如图 2-1 所示，一般由以下 4 个算法组成：

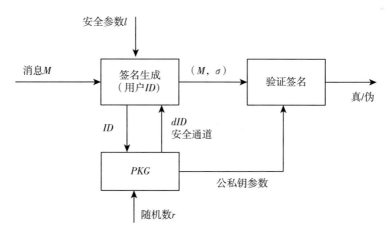

图 2-1　基于身份的数字签名系统

（1）系统建立算法（Setup）：输入参数 1^l，l 是系统的安全参数，输出系统参数和系统私钥对（MK，MP），该算法由 PKG 运行，最后密钥产生

机构 PKG（Private Key Generation）公开系统参数 MP，并保存系统私钥 MK；

（2）密钥生成算法（Key Generation）：输入系统参数、系统私钥和用户的身份 ID，输出用户的私钥 dID，该算法由 PKG 完成，PKG 用安全的信道将 dID 返回给用户；

（3）签名算法（Sign）：输入一个安全参数 l、系统参数 MP、用户私钥 dID 以及消息 M，输出对消息 M 的签名 σ，该算法由用户实现；

（4）验证算法（Verify）：输入系统参数、签名人身份 ID、消息 M 和签名 σ，输出签名验证结果 1 或 0，代表真和伪，该算法由签名的验证者完成。其中，签名算法和验证算法与一般签名方案形式相同。

2.7.2　基于属性的签名体制的定义

基于属性的签名体制签名过程一般由以下的四种算法构成：

（1）系统建立算法（setup）：由可信的属性授权机构运行的概率性随机算法，输入参数 1^l，l 是系统的安全参数，属性授权机构（AA）给用户产生系统的公私钥对（MK，MP）。

（2）密钥生成算法（Key Generation）：由可信的属性授权机构运行的概率性随机算法，输入 MP 和签名用户的属性集合 ω，可信的属性授权机构给用户产生签名的公私钥对（SK，PK）。

（3）签名算法（Sign）：由签名者运行的一个概率性算法，输入系统公开参数 MP，消息 M，属性集合 ω，以及从属性授权机构获得的公私钥对（SK，PK），输出签名为 σ。

（4）验证算法（Verify）：由验证者运行的一个确定性算法。输入 M、MP 和 σ，输出 $b=1$，表示签名有效，$b=0$，表示签名无效。

2.7.3　访问结构

定义 2.13　访问结构（Access Structure)[127]：设 $\{P_1，P_2，\cdots，P_n\}$ 是一个多方成员的集合，如果存在这样的 B，C，且当 $B\subseteq C$，就能得到 $C\in S$，则称集合 $S\subseteq 2^{\{P_1，P_2，\cdots，P_n\}}$ 是单调的。单调的访问结构是集合 $\{P_1，P_2，\cdots，P_n\}$ 的非空子集 S，即 $S\subseteq 2^{\{P_1，P_2，\cdots，P_n\}}\backslash\{\emptyset\}$。在 S 中的集合称为授权集合，不在 S 中的集合称为非授权集合。

在基于属性的签名体制里，多方成员指的就是用户的属性，因此，访问结构就包含了用户的属性的授权集合。为了系统的效率，本书提到的访问结构均指单调的访问结构。

基于属性的签名体制中的访问控制结构，一般使用访问树（Access Tree）的控制结构来实现，树的内部节点是由"与门"或者"或门"组成的门限结构构成，叶子节点对应的是用户属性，下面我们给出访问树的定义。

定义 2.14　访问树（Access Tree）[57]：设 η 是表示访问结构的一棵树，树的每个非叶子节点表示由其子节点和阈值所描述的门限。分别用 num_x 和 k_x 表示节点 x 的子节点个数和阈值，则有 $0 < k_x \leqslant num_x$。当 $k_x = 1$ 时，此门限就是一个"或门"，当 $k_x = num_x$，此门限是一个"与门"。树中的每个叶子节点代表一个属性，且其阈值 $k_x = 1$。

为简化访问树的操作，通常会定义一些函数。函数 $parent(x)$ 表示节点 x 的父节点。函数 $att(x)$ 表示与叶子节点 x 对应的属性值。访问树 η 对每个节点的子节点进行编号，将子节点从 1 到 num 编号，函数 $index(x)$ 返回节点 x 的编号。

假设，o 为访问树 η 的根节点，而 η_o 表示访问树 η 中以 o 为根节点的子树，因此 η 也可以表示为 η_o。如果属性集合 ω 满足访问树 η_x，表示为 $\eta_x(\omega) = 1$。在基于属性的签名体制中，只有签名者对应的属性集合 ω 满足访问控制结构 η，即 $\eta(\omega) = 1$，签名者才能从属性授权机构（AA）获得签名私钥，从而产生有效的签名。对于属性集合 ω 是否满足访问控制结构 η 可以通过以下方式递归计算 $\eta_x(\omega)$ 的值：

（1）如果 x 是一个非叶子节点，计算 x 的所有子节点 x' 的 $\eta_{x'}(\omega)$，当且仅当至少 k_x 个子节点返回 1 时，$\eta_x(\omega)$ 返回 1；

（2）如果 x 是叶子节点，当且仅当 $att(x) \in \omega$，$\eta_x(\omega)$ 返回 1。

2.7.4　私钥共享

私钥共享方案是一种分发、保存和恢复秘密信息的方法，是研究如何在一组参与者之间分配或共享一个秘密信息，而该共享秘密信息只有在规定数量的授权用户共同参与才能用特定的方法恢复。秘密共享方案实现的主要方法有：Blakle 的基于矢量空间的几何方法[128]、Shamir 的 Lagrange 插值方法[129]、Asmuth 和 Bloom 的中国剩余定理方法[130] 等，其中最常用的是 Shamir 基于 Lagrange 插值方法的 (t, n) 门限私钥共享方案，一个私钥被可信的第三方分成了 n 份私钥份额，再分别分发给 n 个持有者，任何 t 个或多于 t 个的私钥份额合并在一起能复原私钥，而少于 t 个的私钥份额合并在一起，一定不能复原私钥。Shamir 的门限私钥共享方案简单、实用，受到了广泛的应用。下面介绍 Shamir 方案：

Shamir 的 (t, n) 门限私钥共享方案中的参与者共 n 个，记为 $P = \{P_1,$ $P_2, \cdots, P_n\}$，授权集合 S 的最小值是 t，t 为私钥共享方案的门限值。设可信的第三方持有共享私钥 y_0，方案由两个阶段构成：

（1）私钥分享：可信的第三方在 F_p 上随机选择一个关于 x 且次数为 $(t-1)$ 的私钥多项式 $q(x) \in_R F_p(X)$：

$$f(x) = a_0 + a_1 x + a_2 x^2 + \cdots + a_{t-1} x^{t-1}$$

并满足 $f(0) = a_0 = y_0$，同时为 P 的每个成员选择一个代表其身份的整数 x_i（也可以用 i 直接表示）。可信的第三方通过计算 $f(x_i) = y_i (i=1, 2, \cdots, n)$，将 y_i 作为私钥份额通过安全通道发给持有者 P_i。

（2）私钥恢复：随机选取 P 中的任意 t 个成员可以恢复秘密信息 y_0，记这 t 个成员为 $S = \{P_i\}$，$1 \leqslant i \leqslant n$，且满足 $|S| = t$，由 S 中成员所提供的值 (x_i, y_i) 可以恢复主共享私钥 y_0，由 Lagrange 插值原理可得

$$q(x) = \sum_{i=1}^{t} q(x_i) \left(\prod_{1 \leqslant j \neq i \leqslant t} (x - x_j)/(x_i - x_j) \right)$$

若定义拉格朗日系数 $\Delta_{i,s}(x) = \prod_{i \in s, j \neq i} \dfrac{x-j}{i-j}$，可进一步简化为：

$$q(x) = \sum_{i=1}^{t} q(x_i) \Delta_{i,s}(x)$$

通过上式就可以恢复私钥信息 $y_0 = f(0)$。

对于一个私钥共享方案，还有若干问题需要考虑，如欺诈问题（包括成员欺诈和可信第三方欺诈）、动态增加或删除参与者、对泄露的私钥份额的处理和私钥份额动态更新问题等。关于更多有关私钥共享方案的基本概念、模型和应用等请参阅文献 [131]。

2.7.5 基于属性签名体制的安全性要求

2.7.5.1 抗合谋攻击

在基于属性的数字签名领域里，存在一种特殊攻击：合谋攻击[58]（Collusion Attack）。由于用户的身份是由多个属性特征构成的集合，对应集合中的每个属性用户会得到相应的私钥，这样就会导致拥有不同属性的用户合谋，生成新的属性集合，这个新生成的属性集合是两人之前所没有拥有的，最终获得签名私钥，这种攻击方式就叫做合谋攻击。所以基于属性的数字签名必须满足抗合谋攻击的安全要求，即要求不同的签名用户即使合谋也不能伪造出一个他们之前独自都不能满足的属性集合生成的签名。

2.7.5.2 不可伪造性

本书中研究的基于属性的签名方案的安全性都是在自适应选择消息和指定属性访问结构的攻击模型下证明的，攻击者在不知道签名者私钥的情况下无法伪造出签名者的有效签名，攻击结果属于存在性不可伪造。

定义 2.15 基于属性的数字签名的安全性：如果基于属性的签名方案在自适应选择消息和指定属性访问结构的攻击模型下，是存在性不可伪造，且能抵抗合谋攻击，那么签名方案是安全的。

2.7.6 基于属性的代理签名体制相关概念

代理机制在分布式系统、电子商务、电子政务、网格计算及移动通信等领域都有着广泛的应用背景。在这种特殊的数字签名体制中，原始签名者或签名授权者将他的数字签名权利委托给另外的一个或多个代理者，使得代理者可以代表授权者进行数字签名。在一个典型的代理签名方案中，原始签名人授权代理签名人，之后代理签名人代表原始签名人生成有效的代理签名，验证人在验证代理签名有效性的同时，可以相信原始签名人对代理签名人的授权。

代理签名算法一般包括三个参与方：原始签名者 A，代理签名者 B 和签名验证者 V，实现代理签名过程主要包括以下四个过程：

（1）系统建立：这是一个确定系统参数及用户密钥的过程。

（2）代理权的委托：原始签名人选择一个代理人，并将自己的签名权利委托给代理签名人。

（3）代理签名的生成：代理签名人利用自己的代理签名密钥对消息进行签名。

（4）代理签名的验证：验证人使用代理验证密钥验证代理签名的有效性。

2.7.6.1 代理签名的分类

根据代理授权的类型不同，Mambo、Usuda 和 Olmmoto 将代理签名分为三类，完全代理签名、部分代理签名和基于委托书的代理签名。

（1）完全代理签名（Full Delegation）：在完全代理签名中，原始签名人通过安全信道直接把自己的签名密钥发送给代理签名人，这样，代理签名人拥有原始签名人的签名能力，可以代替原始签名人签名。然而，由于原始签名人和代理签名人可以产生相同的签名，故这种形式的代理签名不具有不可否认性，在现实中应用不大，这方面的研究也很少。

（2）部分代理签名（Partial Delegation）：在部分代理签名中，原始签名人使用自己的签名密钥生成一个新的代理签名密钥，并把它通过安全信道发送给代理签名人。代理签名人通过代理签名密钥求得原始签名人的签名密钥是困难的。然而，在这类代理签名中，由于代理人没有被限制签名消息的范围，故存在滥用签名权利的问题，所以在现实中没有广泛应用，这方面的研究也很少。

（3）基于委托书的代理签名（Delegation by warrant）：在基于委托书的代理签名中，原始签名人发送一个委托书给代理签名人，委托书中包括原始签名人和代理签名人的身份、授权期限，代理签名人可以签署消息的范围等。因此，基于委托书的代理签名可以消除前两种代理签名的弱点。本书中研究的基于属性的代理签名算法也是基于委托书的代理签名，所以有一定的研究意义。

另外，根据原始签名人是否能生成同代理签名人一样的代理签名来分类，代理签名方案又可以分为代理受保护的代理签名和代理不受保护的代理签名。在代理不受保护的代理签名方案中，代理签名人得不到保护，原始签名人和代理签名人知道相同的代理密钥。原始签名人也可以生成有效的代理签名，这样原始签名人可能会陷害代理签名人。在代理受保护的代理签名方案中，只有代理签名人才能生成有效的代理签名，包括原始签名人在内的其他人都不能生成有效的代理签名，因此，这类代理签名可以保护代理签名人的权益。由于基于委托书的代理受保护的代理签名可以明确地区分原始签名人和代理签名人之间的权利和责任，因此这类代理签名非常实用，受到了广泛的关注和研究，是数字签名方案研究的一个热点。目前，人们所说的代理签名默认地都是指基于委托书的代理受保护的代理签名。

2.7.6.2 代理签名的形式化定义

本书中研究的代理签名算法是基于委托书的代理签名，其具体实现主要包括 7 个算法：初始算法、密钥生成算法、代理算法、代理验证算法、代理密钥生成算法、代理签名生成算法和代理签名验证算法。

（1）系统建立算法：输入一个安全参数，算法产生并且公布系统参数。

（2）密钥生成算法：根据输入的安全参数，算法产生原始签名者 A 和代理签名者 B 的公私钥对。

（3）代理算法：输入 A 的私钥和授权信息 M_w，输出对代理签名者 B 的授权证书 $W_{A \to B}$。

（4）代理验证算法：输入原始签名者 A 的公钥、授权信息 M_w 和授权证

书 $W_{A\to B}$，验证 $W_{A\to B}$ 是否为 A 对 B 的合法代理。

（5）代理密钥生成算法：输入代理签名者 B 的公私钥对，从系统获得用于代理签名的私钥。

（6）代理签名生成算法：输入代理签名私钥和消息 M，输出代理签名。

（7）代理签名验证算法：输入原始签名者 A 的公钥和对 M 的代理签名，验证者 V 验证该签名是否为 A 的有效代理签名，若正确则接受代理签名，否则拒绝（$\perp$）。

2.7.6.3 基于属性的代理签名体制的安全性要求

基于属性的代理签名体制的安全性要求除了在自适应选择消息和指定属性访问结构的攻击模型下方案是存在性不可伪造，且能抵抗多个用户的合谋攻击之外，同时还应具有代理签名体制的其他 6 大安全性要求[15,132-134]，具体如下所示：

（1）可区分性（Distinguishability）：任何人都能够区分代理签名者的代理签名和原始签名者的普通签名。任何人也能够区分不同代理签名人生成的代理签名。这个性质也部分地防止了签名人之间的相互抵赖。

（2）可验证性（Verifiability）：从代理签名中，验证者通过自认证或交互形式认证能够验证代理签名的有效性，并且根据代理签名的有效性相信原始签名人确实委托了代理人进行签名。

（3）强不可伪造性（Strong unforgeability）：只有指定的代理签名人能够产生有效的代理签名，没有被指定为代理签名的任何人（包括原始签名人）都不能产生有效代理签名。

（4）强可识别性（Strong identifiability）：任何人都能够从一个有效的代理签名中确定代理签名者的身份。

（5）强不可否认性（Strong undeniability）：一旦代理签名人代表原始签名人产生了有效的代理签名，他就不能向任何人否认他所签的代理签名。

（6）抗滥用性（Prevention of misuse）：代理签名人仅能在代理授权范围内进行代理签名。为了防止滥用，一般需要在代理签名中使用授权书，具体确定代理签名人的代理权限范围。

定义 2.16 基于属性的代理数字签名的安全性：如果基于属性的代理签名方案在自适应选择消息和指定属性访问结构的攻击模型下是存在性不可伪造，且能满足抵抗合谋攻击、可验证性、可区分性、强不可伪造性、强可识别性、强不可否认性、抗滥用性，那么此签名方案是安全的。

2.8 本章小结

本章主要介绍相关的基础理论知识，包括有限群、数论以及群论的一些知识；介绍双线性对的基本概念和性质、数学问题和困难安全性假设，这些困难性假设可以保证签名算法的安全性，也是公钥密码成立的基础。然后又介绍数字签名经常用到的 Hash 函数、可证明安全性理论等理论知识，最后介绍数字签名及基于属性的签名体制的相关概念等。

第三章 多属性授权机构的基于属性签名算法

本章主要研究多属性授权机构的基于属性签名体制，首先尝试设计出一个多属性授权机构的基于属性签名方案，并分析其安全性；然后在全域属性参数环境下设计了一个方案，并给出完整的可证明安全过程；最后设计一个不需要可信中心属性授权机构的多属性授权机构签名方案，同时也给出完整的可证明安全过程。

3.1 引言

目前大部分基于属性的签名方案都是属于单个属性授权机构（AA）的签名方案，用户的每个属性需在一个可信属性授权机构获得签名私钥，这就需要可信的单个属性授权机构管理非常复杂的属性集，会大大增加机构的工作负担，降低整个系统效率，现实生活中也不太实用，例如，驾驶执照号码由机动车辆管理局授权机构统一发放管理，身份证号码由公安局身份证办理中心授权机构管理，房产证号由房产中心授权机构统一发放管理等。另外，一旦可信的单个属性授权机构被攻破，整个系统将会崩溃，导致威胁整个系统的安全性，所以设计出实用、安全可靠的多属性授权机构签名方案（MA‐ABS）是很有必要的，也是很有现实意义的。

多属性授权机构密码体制由 Chase 提出，并设计一种多属性授权机构的基于属性加密算法，在 Chase 构造的方案中，每个属性授权机构分别管理一部分属性并产生签名私钥，为了防止多个属性授权机构合谋盗用私钥，方案要求多个授权机构之间不能通信，并额外采用两种技术，一个是用户的全局变量，另一个是可信的中心属性授权机构（CAA）统一管理多个属性授权机构保证合谋攻击，每个属性授权机构的工作原理和 Sahai 与 Waters 提出的方案中单个属性授权机构相同。目前关于多属性授权机构的基于属性签名方面研究很少，D. Cao 等[81]进行了尝试，构造了一个比较实用的方案，但没有证明方案的安全性。设计出实用的、安全的多个属性授权机构的签名方案是本章主要研究内容。本书提出的 3 个签名方案都是基于 Chase 提出的多属性授权机构的基于属性加密算法，分析证明方案安全性。

3.2 多属性授权机构的基于属性的签名方案

3.2.1 多属性授权机构的基于属性签名体制的定义

Maji[71] 等第一次对多属性授权机构的基于属性签名过程进行定义，签名过程一般由以下四种算法构成：

（1）系统建立算法（Setup）：由可信的属性授权机构运行（本方案指的是中心属性授权机构 CAA）的概率性随机算法，输入 1^l，l 是系统的安全参数，中心属性授权机构（CAA）给每个属性授权机构（AA）产生一个公私钥对（AP，AK），并产生中心属性授权机构使用的系统公私钥对（MP，MK）。

（2）密钥生成算法（Key generation）：密钥生成算法需要两个算法完成，一个是各个属性授权机构运行的密钥生成算法 AtrrGen，另一个是中心属性授权机构运行的密钥生成算法 CentralGen。

AtrrGen：输入 AK、签名者的身份 u，以及与此属性授权机构有关的多个属性，属性授权机构给签名者产生其控制的对应属性的部分私钥 $SK_{k,i}$。

CentralGen：输入 MK，签名者的身份 u，中心属性授权机构给签名者产生另一部分私钥 SK_{ca}。

（3）签名算法（Sign）：由签名者运行的一个概率性算法，输入系统参数 MP、消息 M、属性集合 ω，以及从各个属性授权机构和中心属性授权机构获得的私钥 $SK_{k,i}$ 和 SK_{ca}，输出签名 σ。

（4）验证算法（Verify）：由验证者运行的一个确定性算法。输入 M、MP 和 σ，输出比特值 b，若 $b=1$，表示签名有效，$b=0$，表示签名无效。

3.2.2 方案构造

在多属性授权机构的基于属性签名方案构造中使用伪随机函数[58]来保证每个属性授权机构给签名者产生的密钥是随机且确定的，签名者需要私钥时，属性授权机构可以计算关于签名者身份 u 的伪随机函数值。中心属性授权机构不需要知道签名者具体满足各个属性授权机构的哪些属性，只需要知道每个属性授权机构给签名者产生的私钥，这样可以重构签名者的私钥，从而可追踪到签名者的身份，保证签名者对签过的文件不可否认。方案将属性域分成 K 个不相邻的集合，分别属于这 K 个属性授权机构，具体的构造如下：

（1）系统建立算法：这个过程主要初始化参数，取阶为素数 p 的群 G_1、G_2，双线性对映射 e：$G_1 \times G_1 \rightarrow G_2$，生成元 $g \in G_1$，随机选择 $g_2 \in G_1$，选择伪随机函数的种子（为 K 个属性授权机构选择种子）s_1，$\cdots$，s_K，属性域 $U = \{1, 2, \cdots, n\}_{i \in U}$，在 $\mathbf{Z}_p$ 中随机选择 $\{t_{k,i}\}_{k=1,2,\cdots,K; i=1,2,\cdots,n}$ 和 y_0，并计算 $T_{k,i} = g^{t_{k,i}}$，$g_1 = g^{y_0}$，这样，某个属性授权机构 k 的私钥为：$AK = \langle s_k, t_{k,1}, t_{k,2}, \cdots, t_{k,i} \rangle$，公钥为：$AP = \langle T_{k,1}, T_{k,2}, \cdots, T_{k,i} \rangle$，系统的主私钥为：$MK = y_0$，系统公钥为：$MP = \langle g, g_1, g_2, G_1, G_2 \rangle$。

（2）密钥生成算法：当签名者的属性集合满足属性门限值 t 才能对消息 M 签名。签名者的签名私钥由两部分组成，一部分由各个属性授权机构密钥生成算法 AtrrGen 生成，一部分由中心属性授权机构密钥生成算法 CentrlGen 生成。

AtrrGen：根据输入的 AK，签名者的身份 u 及签名者的属性集合 ω，输出对应属性的签名私钥 $SK_{k,i} = g^{\frac{q(i)}{t_{k,i}}}$，其中，$q$ 是属性授权机构根据签名者的身份 u 随机选择的 $t-1$ 次多项式，需要满足的条件是 $q(0) = y_{k,u}$，$y_{k,u}$ 的值由伪随机函数、种子和 u 确定，即 $y_{k,u} = F_{s_k}(u)$；

CentrlGen：根据输入的 MK，签名者的身份 u，中心属性授权机构为签名者产生另一部分私钥 $SK_{ca} = g^{y_0 - \sum_{k=1}^{k=K} y_{k,u}}$。

（3）签名算法：根据输入的 MP、消息 M、属性集合 ω，以及从属性授权机构获得的私钥和中心属性授权机构获得的私钥 $SK_{k,i}$ 和 SK_{ca}，签名者在 $\mathbf{Z}_p$ 中随机选择 s，输出签名 $\sigma = \langle \sigma_1, \sigma_2, \sigma_3, \sigma_4 \rangle_{i \in \omega}$，其中

$$\sigma_1 = g^{\frac{q(i)}{t_{k,i}} r}, \quad \sigma_2 = g^{y_0 - \sum_{k=1}^{k=K} y_{k,u}} \cdot (g_2^m)^r, \quad \sigma_3 = T_{k,i}^{\frac{1}{r}}, \quad \sigma_4 = g^r$$

（4）验证算法：验证方选择 $S \subseteq \omega$，且 $|S| = t$，根据 M、MP 和 σ，验证下面的式子是否相等：

$$\frac{e(\sigma_2, g_1)}{e(g_3^M, \sigma_4)} \prod_{k=1}^{k=K} \left(\prod_{i \in S} e(\sigma_1, \sigma_3)^{\Delta_{i,S}(0)} \right) = e(g_1, g_2),$$

其中，$\Delta_{i,S}(0) = \prod_{j \in S, j \neq i} \dfrac{j}{j-i}$。

如果上式成立，则验证方接受，如果不成立，则拒绝。

3.2.3　方案的正确性

验证中等式成立的条件是签名者的签名属性集合 ω 中已知足够多的 t 个点 $q(i)$，从而最终递归地恢复出 $q(0) = y_{k,u}$，利用拉格朗日插值多项式的性质，有

$$q(0) = \sum_{i \in S} q(i) \Delta_{i,S}(0), \text{其中} \Delta_{i,S}(0) = \prod_{j \in S, j \neq i} \frac{j}{j-i}$$

验证等式的具体推导过程如下：

$$\frac{e(\sigma_2,\ g_1)}{e(g_3^M,\ \sigma_4)} \prod_{k=1}^{k=K} \left(\prod_{i \in s} e(\sigma_1,\ \sigma_3)^{\Delta_{i,s}(0)} \right)$$

$$= \frac{e(\sigma_2,\ g_1)}{e(g_3^M,\ \sigma_4)} \prod_{k=1}^{k=K} \left(\prod_{i \in s} e(g_1^{\frac{q(i)}{t_{k,i}}r},\ T_{k,i}^{\frac{1}{r}})^{\Delta_{i,s}(0)} \right)$$

$$= \frac{e(\sigma_2,\ g_1)}{e(g_3^M,\ \sigma_4)} \prod_{k=1}^{k=K} \left(\prod_{i \in s} e(g_1,\ g_1)^{q(i)\Delta_{i,s}(0)} \right)$$

$$= \frac{e(\sigma_2,\ g_1)}{e(g_3^M,\ \sigma_4)} \prod_{k=1}^{k=K} e(g_1,\ g_1)^{q(0)}$$

$$= \frac{e(\sigma_2,\ g_1)}{e(g_3^M,\ \sigma_4)} \prod_{k=1}^{k=K} e(g_1,\ g_1)^{y_{k,u}} \frac{e(\sigma_2,\ g_1)}{e(g_3^M,\ \sigma_4)} \prod_{k=1}^{k=K} \left(e(g_1,\ g_1)^{\sum_{i \in s} q(i)\Delta_{i,s}(0)} \right)$$

$$= \frac{e(\sigma_2,\ g_1)}{e(g_3^M,\ \sigma_4)} e(g_1,\ g_1)^{\sum_{k=1}^{k=K} y_{k,u}}$$

$$= \frac{e(\sigma_2,\ g_1)}{e(g_3^M,\ \sigma_4)} e(g_1,\ g_1)^{\sum_{k=1}^{k=K} y_{k,u}}$$

$$= \frac{e(g_1^{(y_0 - \sum_{k=1}^{k=K} y_{k,u})} (g_3^M)^r,\ g_1)}{e(g_3^M,\ g_1^r)} e(g_1,\ g_1)^{\sum_{k=1}^{k=K} y_{k,u}}$$

$$= \frac{e(g_1^{(y_0 - \sum_{k=1}^{k=K} y_{k,u})},\ g_1) e(g_3^{Mr},\ g_1)}{e(g_3^M,\ g_1^r)} e(g_1,\ g_1)^{\sum_{k=1}^{k=K} y_{k,u}}$$

$$= e(g_1^{(y_0 - \sum_{k=1}^{k=K} y_{k,u})},\ g_1) e(g_1,\ g_1)^{\sum_{k=1}^{k=K} y_{k,u}}$$

$$= e(g_1,\ g_1^{y_0})$$

$$= e(g_1,\ g_2)$$

3.2.4　安全性分析

如第二章所述，基于属性的签名方案如果满足不可伪造性和抗合谋攻击，则提出的方案是安全的。

（1）不可伪造性

对于一个签名，如果一个个体不满足签名者声明的属性结构，则无法伪造出有效的签名。在本书的方案中，如果攻击者以不可忽略的概率 ε 伪造签名，就说明攻击者能以不可忽略的概率 ε 来解决 DL 问题和 CDH 问题，这是矛盾的，因为众所周知 DL 问题和 CDH 问题是密码学界公认的数学困难问题，是无法求解的，从而此方案是满足不可伪造性的。

（2）抗合谋攻击

不同签名者即使合谋其属性对应的私钥也不能伪造出一个他们独自之前都不能生成的有效签名。具有抵抗合谋攻击的安全性是基于属性密码体制的一般要求。

首先，方案中签名者身份 u 不同，$y_{k,u}$ 值就不同，即使属性相同也会得到不同的私钥，因为伪随机函数 PRF 使不同签名者的签名私钥是互不相关的，方案要求每个用户都有自己唯一的身份 u；其次，每个属性授权机构为不同签名者都随机地选择 $t-1$ 次多项式 q_u，签名者 u 的某些属性 $q_u(i)$ 值不会给其他签名者 u' 任何有关另一个多项式 $q_{u'}$ 某些属性 $q_{u'}(i)$ 的有用信息；最后，如果签名者 u 已经求出 $e(g_1, g_1)^{y_{k,u'}r}$，想与签名者 u' 一同合谋，但签名者 u 给不了另一签名者 u' 的主私钥 $e(g_1, g_1)^{y_{u'}r} = \prod_{k=1}^{k=K} e(g_1, g_1)^{y_{k,u'}r}$ 任何相关有用信息，因为 $y_{k,u}$ 和 $y_{k,u'}$ 是不相关的，从而保证了抗合谋攻击。

与其他基于属性的签名方案[73,74]相比，我们提出的方案有 2 个优点：一个是签名者只需公开属性集合，验证者只知道签名者满足声称的属性门限值 t，并不确定签名者到底是由哪些属性签的名，同时也获得不了签名者的身份 u，很好地保护了签名者的隐私；另一个是该算法的签名效率高，签名过程只是群上的指数运算、加法运算和乘法运算，不需要任何的双线性对的运算。但本方案缺乏完整的安全证明过程，这将是下一节的工作重点。

3.3 可证明安全的多属性授权机构的基于属性签名算法

本节在全域属性参数环境下，使用访问结构控制结构对属性进行细粒度划分，设计出一个多个属性授权机构的基于属性签名方案，并系统地证明方案安全性，在自适应性选择消息的攻击模型下能抵抗存在性伪造攻击，同时该方案仍具有抗合谋攻击的特性，方案的安全性归约为计算 Diffie - Hellman 数学问题。

3.3.1 签名方案的构造

方案是指全域参数环境下数字签名方案，将属性分成 K 个不相邻的集合，分别属于 K 个属性授权机构 $\{AA_k\}_{k=1,\cdots,K}$。签名过程如同 3.2 节所描述的 Maji 等对基于属性的多授权机构签名过程的定义，一般由以下四种算法构成：

（1）系统建立算法：初始化参数，由中心属性授权机构（CAA）完成，取阶为素数 p 的群 G_1，G_2，线性映射 $e: G_1 \times G_1 \rightarrow G_2$，生成元 $g \in G_1$，如同文献 [58] 中描述的，中心属性授权机构（CAA）为 K 个属性授权机构（AA）选择伪随机函数 PRF 种子 s_1，…，s_K，随机选择 $y_0 \leftarrow Z_p$ 及 $g_2 \leftarrow G_1$，计算 $g_1 = g^{y_0}$，则系统的主私钥为：$MK = y_0$，系统公钥为：$MP = \langle g, g_1, g_2, G_1, G_2 \rangle$。

（2）密钥生成算法：当签名者 u 的属性集合 ω 满足声明的访问结构 η 才能签名，即 $\eta_o(\omega) = 1$，o 是访问结构树的根节点。签名者的签名私钥由两部分组成，一部分由各个属性授权机构密钥生成算法 AtrrGen 生成，另一部分由中心属性授权机构密钥生成算法 CentrlGen 生成。

AtrrGen：各属性授权机构 AA_k 从中心属性授权机构 CAA 获得伪随机函数私钥种子 s_k，并选择公钥参数 $t_{k,1}$，…，$t_{k,n+1} \leftarrow G_1$，$h(x)$ 是由 $t_{k,1}$，…，$t_{k,n+1}$ 定义的 n 次多项式，并定义 $T_k(x) = g_2^{x^n} g^{h(x)} = g_2^{x^n} \prod_{i=1}^{n+1} t_{k,i}^{\Delta_i(x)}$。每个属性授权机构 AA_k 都有声明的访问结构 η_k，x 是访问结构中的每个节点，o 是根节点，q 是属性授权机构 AA_K 根据签名者身份 u 随机选择的 $t_x = k_x - 1$ 次多项式，k_x 是节点 x 的门限值，满足 $q_o(0) = y_{k,u} = F_{s_k}(u)$，$y_{k,u}$ 的值由伪随机函数、种子和 u 确定。为构造多项式 q_o，随机选择其他的 t_x 个节点 x，且满足 $q_x(0) = q_{parent(x)}(x)$。一旦多项式被构造成功，对于每个叶子节点 x，随机选择 $r_{k,x} \leftarrow Z_P$，获得签名私钥：

$$SK_{k,x} = (g_2^{q_x(0)} T_k(i)^{r_{k,x}}, R_{k,x} = g^{r_{k,x}}), \quad i = att(x)$$

CentrlGen：中心属性授权机构给签名者产生另一部分私钥：

$$SK_{ca} = g_2^{y_0 - \sum_{k=1}^{k=K} y_{k,u}}$$

（3）签名算法：给定各属性授权机构的属性访问结构 η_k 及其公钥参数，签名用户私钥，一个消息 M，输出签名：

$$\sigma = \langle SK_{ca} \cdot \prod_{k=1}^{K} \prod_{x \in S_x} (g_2^{q_x(0)} T_k(i)^{r_{k,x}})^{\Delta_{i,s_x}(0)} H(M)^s, \ (g^{r_{k,x}})^{\Delta_{i,s_x}(0)}, g^s \rangle, \quad i = att(x)$$

其中，随机选择 $s \leftarrow Z_P$，$\Delta_{i,s_x}(0)$ 是签名属性集合的拉格朗日插值多项式的系数。

（4）验证算法：由签名结果可设 $\sigma_1 = SK_{ca} \cdot \prod_{k=1}^{K} \prod_{x \in S_k} (g_2^{q_x(0)} T_k(i)^{r_{k,x}})^{\Delta_{i,s_x}(0)} H(M)^s$，$\sigma_2 = (g^{r_{k,x}})^{\Delta_{i,s_x}(0)}$，$\sigma_3 = g^s$，$i = att(x)$，已知消息 M，签名属性集合 ω 及各属性授权机构的属性访问结构 η_k，公钥参数及 $z = e(g_1,$

g_2)，验证下面等式是否成立：

$$e(g, \sigma_1) = z \cdot \prod_{k=1}^{K} \left(\prod_{i \in S_x} (e(T_k(i), \sigma_2)) \right) \cdot e(H(M)\sigma_3)$$

如果上式成立，则验证方接受签名，如果不成立，则拒绝。

3.3.2　方案的正确性

验证算法中等式成立的条件是签名者的签名属性集合 ω 中属性满足各个属性授权机构声明的访问结构 η_k，即 $\eta_k(\omega_k)=1$，属性集合 ω 被各属性授权机构 AA_k 分成不同的集合 ω_k，利用拉格朗日定理最终递归恢复出 $q_o(0)=y_{k,u}$。需要说明的是集合 S_x 中的节点 x 分为叶子节点和非叶子节点两种情况，定义递归算法，详见文献［57］，这里不再赘述。具体推导过程如下：

$$\frac{e(g,\sigma_1)}{\prod_{k=1}^{K}\left(\prod_{i\in S_x}(e(T_k(i),\sigma_2))\right)\cdot e(H(M),\sigma_3)}$$

$$=\frac{e\left(g, SK_{ca}\cdot\prod_{k=1}^{K}\prod_{i\in S_x}(g_2^{q_x(0)}T_k(i)^{r_{k,x}})^{\Delta_{i,s_x}(0)}H(M)^s\right)}{\prod_{k=1}^{K}\prod_{i\in S_x}e(T_k(i),(g^{r_{k,x}})^{\Delta_{i,s_x}(0)})\cdot e(H(M),g^s)}$$

$$=\frac{e\left(g, SK_{ca}\cdot\prod_{k=1}^{K}\prod_{i\in S_x}(g_2^{q_x(0)}T_k(i)^{r_{k,x}})^{\Delta_{i,s_x}(0)}H(M)^s\right)}{\prod_{k=1}^{K}\prod_{i\in S_x}e(T_k(i),(g^{r_{k,x}})^{\Delta_{i,s_x}(0)})\cdot e(H(M),g^s)}$$

$$=\frac{e\left(g, SK_{ca}\cdot\prod_{k=1}^{K}\prod_{i\in S_x}(g_2^{q_x(0)})^{\Delta_{i,s_x}(0)}\right)e\left(g,\prod_{k=1}^{K}\prod_{i\in S_x}(T_k(i)^{r_{k,x}})^{\Delta_{i,s_x}(0)}\right)e(g,H(M)^s)}{\prod_{k=1}^{K}\prod_{i\in S_x}e(T_k(i),g^{r_{k,x}\cdot\Delta_{i,s_x}(0)})e(H(M)^s,g)}$$

$$=\frac{e\left(g, g_2^{\sum_{k=1}^{k=K}\sum_{i\in S_x}q_x(0)\cdot\Delta_{i,s_x}(0)}\right)e\left(g,\prod_{k=1}^{K}\prod_{i\in S_x}T_k(i)^{r_{k,x}\Delta_{i,s_x}(0)}\right)}{\prod_{k=1}^{K}\prod_{i\in S_x}e(T_k(i)^{r_{k,x}\cdot\Delta_{i,s_x}(0)},g)}$$

$$=e\left(g, g_2^{y_0-\sum_{k=1}^{k=K}y_{k,u}}\cdot g_2^{\sum_{k=1}^{k=K}\sum_{i\in S_x}q_x(0)\cdot\Delta_{i,s_x}(0)}\right)$$

$$=e\left(g, g_2^{y_0-\sum_{k=1}^{k=K}y_{k,u}}\cdot g_2^{\sum_{k=1}^{k=K}q_r(0)}\right)$$

$$=e\left(g, g_2^{y_0-\sum_{k=1}^{k=K}y_{k,u}}\cdot g_2^{\sum_{k=1}^{k=K}y_{k,u}}\right)$$

$$=e(g, g_2^{y_0})$$

$$=e(g_1, g_2)$$

$$=z$$

3.3.3 安全性证明

3.3.3.1 存在性不可伪造

对于一个签名，如果一个用户不满足各个属性授权机构声明的属性访问结构，就无法伪造出一个有效的签名。在本书方案中，如果 F_0 以不可忽略的概率 ε 伪造一个签名，就说明我们能构造一个算法 F_1 以不可忽略的概率利用 F_0 解决 CDH 数学问题，这是矛盾的，从而此方案是存在性不可伪造的。

定理 3.1 如果计算 Diffie－Hellman 问题（CDHP）是困难的，则上述签名方案在自适应选择消息和指定属性访问结构攻击下是存在性不可伪造的。

证明：本方案的证明是指定属性访问控制结构的安全模型，需要在算法的初始化阶段就选择要攻击的属性集合或者属性访问控制结构。利用归约方法证明，假设敌手能以不可忽略的概率优势 ε 伪造一个签名，那么就意味着我们能构造一个算法 F_1 利用 F_0 以不可忽略的概率来解决 CDH 数学问题。给定算法 F_1 一个 CDH 数学问题的实例（g，$A=g^a=g^{y_0}$，$B=g^b$），为了能求出 g^{ab}，算法 F_1 模拟 F_0 的挑战者 C 的过程如下：

（1）系统初始化阶段：敌手输出挑战的属性集合为 ω_k^*。

（2）系统建立阶段：挑战者 C 运行系统建立算法，获得公钥和私钥参数，并将公钥参数 $A=g_1$，$B=g_2$，$z=(g_1, g_2)$ 发给敌手，私钥参数自己保存。如文献 [58] 为各个属性授权机构 AA_k 随机选择 n_k 次多项式 $f_k(x)$ 和 $u_k(x)$，其中当且仅当 $x \in \omega_k^*$ 时，$u_k(x)=-x^{n_k}$。这样，就可以定义函数 $T_k(i)=g_2^{i^{n_k}+u_k(i)} g^{f_k(i)}$，$i=1$，…，$n+1$。

（3）询问阶段：敌手可以适应性地通过挑战者对以下三种预言机提出一定数量的询问：

①随机预言机的询问：挑战者可以最多询问 q_H 次随机预言机 H，并保存随机预言机 H 的询问结果列表 L，随机选择整数 $\delta \in [1, q_H]$，M_i 是要询问随机预言机 H 的消息，挑战者检查列表 L，并执行下面操作：如果询问的消息 M_i 能在列表 L 中找到，挑战者则将消息对应的相同的回答返回给敌手；否则，挑战者会进行两种选择：

若 $i \neq \delta$，挑战者随机选择 α_i，$\beta_i \in \mathbf{Z}_p$，$H(M_i)=g_1^{\alpha_i} g^{\beta_i}$。

若 $i=\delta$，挑战者随机选择 $\beta_i \in \mathbf{Z}_p$，$H(M_i)=g^{\beta_i}$。

②私钥预言机的询问：设敌手可以对多个属性集合 γ_k 进行私钥询问，前提条件是 $|\gamma_k \bigcap \omega_k^*| < t_k$。为了产生私钥，需要为各个属性授权机构 AA_k 构造 d_x 次的多项式 Q_x。如同文献 [68] 考虑最坏的情况，设 K 个属性授权机构中

至少有一个属性授权机构 $AA_{\hat{k}}$ 是诚实可信的，即敌手在这个属性授权机构里没有足够的属性能满足访问结构集合 $\omega_{\hat{k}}$，进而就获得不了属性对应的签名私钥。$\hat{k}(u)$ 表示签名者 u 的 $AA_{\hat{k}}$ 是诚实可信的，敌手对挑战者进行各个属性授权机构 AA_k 的私钥询问：

若询问的是不可信属性授权机构，即 $k \neq \hat{k}(u)$，则挑战者有足够的节点来恢复根节点 $q_o(0)$。根据文献 [55] 中 Polysat 算法来构造多项式 Q_x，并满足 $q_o(0) = Q_o(0) = z_{k,u}$，随机选择 $z_{k,u} \leftarrow Z_p$，生成的私钥为：

$$SK_{k,x} = (g_2^{Q_x(0)} T_k(i)^{r_{k,x}} = g_2^{q_x(0)} T_k(i)^{r_{k,x}}, \quad g^{r_{k,x}}), \quad i = att(x)$$

若询问的是诚实可信的属性授权机构，即 $k = \hat{k}(u)$，则挑战者没有足够的节点来恢复根节点 $q_o(0)$，即 $\eta_{\hat{k}}(\gamma_{\hat{k}}) = 0$。根据文献 [57] 中 PolyUnsat 算法来构造多项式 Q_x，并满足 $q_o(0) = Q_o(0) = a + z_{k,u}$。

设置 3 个集合 Γ_k，Γ_k'，S_k，且满足 $\Gamma_k = \gamma_k \cap \omega_k*$，$\Gamma_k \subseteq \Gamma_k' \subseteq \gamma_k$，$|\Gamma_k'| = t_k - 1$，$S_k = \Gamma_k' \cup \{0\}$。

如果 $i \in \Gamma_k'$，随机选择 $r_{k,x}, \in \mathbf{Z}_p$，$Q_x(0) = q_x(0)$，私钥为：

$$SK_{k,x} = (g_2^{q_x(0)} T_k(i)^{r_{k,x}}, \quad g^{r_{k,x}}), \quad i = att(x)$$

如果 $i \in \omega_k^* \setminus \Gamma_k'$（即 $i \notin \Gamma_k'$），随机选择 $r_{k,x}' \in \mathbf{Z}_p$，设 $g_3 = g^{Q_x(0)} = g^{q_x(0)}$，私钥为：

$$SK_{k,x} = (g_3^{\frac{-f_k(i)}{i^{n_k} + u_k(i)}} (g_2^{i^{n_k} + u_k(i)} g^{f_k(i)})^{r_{k,x}'}, g_3^{\frac{-1}{i^{n_k} + u_k(i)}} g^{r_{k,x}'}), \quad i = att(x)$$

由于 $i \in \omega_k^* \setminus \Gamma_k'$ 时，$i^{n_k} + u_k(i)$ 不为 0，可以通过设置 $r_{k,x} = r_{k,x}' - \dfrac{q_x(0)}{i^{n_k} + u_k(i)}$，此时算法 F_1 模拟的私钥与 $i \in \Gamma_k'$ 的私钥有相同的形式，即

$$SK_{k,x} = (g_2^{q_x(0)} T_k(i)^{r_{k,x}}, \quad g^{r_{k,x}}), \quad i = att(x)$$

另外，算法 F_1 模拟出中心属性授权机构的私钥：

$$SK_{ca} = g_2^{(\sum_{k \notin corr} z_{k,u} - \sum_{k \in corr} F_{s_k}(u))}$$

上式中的"$corr$"在此处指被恶意攻击的授权机构集合。

③签名预言机的询问：敌手通过挑战者对多个属性集合 γ_k 进行签名询问，前提条件是 $|\gamma_k \cap \omega_k^*| < t_k$ 或者 $H(M_i) = g^{\beta_i}$，即消息的随机预言机询问在 $[1, q_H]$ 之中。挑战者对消息的签名模拟：如果 $|\gamma_k \cap \omega_k^*| < t_k$ 或 $H(M_i) = g^{\beta_i}$，可以按照上述签名算法正常签名。

$$\sigma = \langle SK_{ca} \cdot \prod_{k=1}^{K} \prod_{x \in S_x} (g_2^{q_x(0)} T_k(i)^{r_{k,x}})^{\Delta_{i,s_x}(0)} H(M)^s, \quad (g^{r_{k,x}})^{\Delta_{i,s_x}(0)}, \quad g^s \rangle, \quad i = att(x).$$

否则，$H(M_i) = g_1^{\alpha_i} g^{\beta_i}$，签名中主要是为了模拟这两部分：

$$< g_2^{y_0} \prod_{k=1}^{K} \prod_{x \in S_x} (T_k(i)^{r_{k,x}})^{\Delta_{i,s_x}(0)} H(M)^s, \ g^s >,$$

其中通过随机选择 $s, 'r_{k,x} \in \mathbf{Z}_p$，使 $s = -\dfrac{1}{\alpha_i}b + s'$，这两部分变成：

$$< g_2^{\frac{-a_i}{\beta_i}} \prod_{k=1}^{K} \prod_{x \in S_x} (T_k(i)^{r_{k,x}})^{\Delta_{i,s_x}(0)} (g_1^{\alpha_i} g^{\beta_i})^{s'}, \ g_2^{\frac{-1}{\alpha_i}} g^{s'} >$$

上述过程说明挑战者在两种情况下得到相同形式的签名，由此说明算法 F_1 都能够模拟有效的签名。

（4）伪造阶段：敌手输出消息 M^* 在属性集合 ω^* 上伪造的签名 σ^*。如果敌手满足 $|\omega_k \bigcap \omega_k^*| > t_k$ 或者 $H(M^*) \neq g^{\beta_\delta}$ 就退出，否则，将满足下面的验证等式：

$$e(g, \ \sigma_1^*) = z \cdot \prod_{k=1}^{K} (\prod_{i \in S_x} (e(T_k(i), \ \sigma_2^*))) \cdot e(H(M), \ \sigma_3^*)$$

因为 $T_k(i) = g_2^{i^{n_k} + u_k(i)} g^{f_k(i)}$，$g_2 \in G_1$，可以设 $T_k(i) = g^{\theta_k(i)}$。另外由 $H(M^*) = g^{\beta_\delta}$，则可得到等式

$$e(g, \sigma_1^*) = e(g^a, g^b) \cdot \prod_{k=1}^{K} (\prod_{i \in S_x} (e(g, \sigma_2^{*\lambda_k(i)}))) \cdot e(g, \sigma_3^{*\beta_\delta})$$
$$= e(g, g^{ab}) \cdot \prod_{k=1}^{K} (\prod_{i \in S_x} e(g, \sigma_2^{*\lambda_k(i)} \cdot \sigma_3^{*\beta_\delta}))$$

进一步得到：

$$g^{ab} = \prod_{k=1}^{k=K} \left(\prod_{i \in S_k} \left(\frac{\sigma_1^*}{\sigma_2^{*\theta_k(i)} \cdot \sigma_3^{*\beta_\delta}} \right) \right)$$

这意味着 CDH 问题是可以等式求解的，得出矛盾！因为众所周知，到目前为止 CDH 问题是困难的，是难以求解的，所以本方案是存在性不可伪造安全的。

3.3.3.2 抗合谋攻击

不同签名者即使合谋也不能伪造出一个他们独自不能生成的有效签名。具有抵抗合谋攻击的安全性是基于属性加密体制的一般要求。本方案采用了与文献［68］相同的方法，通过使用伪随机函数及为每个签名用户的身份 u 随机选择种子 s_k 来实现抗合谋攻击。

定理 3.2 本方案如同其他基于属性的签名方案，也满足基于属性的签名体制所要求的抗合谋攻击的安全性。

首先，方案中签名用户的 u 不同，伪随机函数的种子 s_k 不同，同时根节点 $q_o(0) = y_{k,u} = F_{s_k}(u)$ 值也会不同，即使属性相同也会得到不同的私钥，伪随机函数 PRF 使不同签名者的签名私钥是互不相关的，并且方案要求每个用

户都有自己唯一的身份 u；其次，每个属性授权机构给不同的签名者随机地选择多项式 q_x，q_x 是不同的，且保密，如同文献［60，68］分析证明，合谋不能得到有用的签名私钥信息，从而保证了抗合谋攻击。

3.4 可证明安全的无中心属性授权机构的多授权属性签名

本节设计的方案进一步改进了以往多属性授权机构的基于属性签名方案，不再需要一个可信的中心属性授权机构（CAA）来统一管理多个属性授权机构（AA），只需一定数量属性授权机构诚实可信，同样也能建立安全的多属性授权机构的签名系统，使新系统的安全性不再完全依赖中心属性授权机构，这是很有现实意义的。本方案采用 DKG 技术[69] 和 JZZ 技术[70] 将中心属性授权机构移除，并用归约的研究方法证明了方案安全性，能够抵抗适应性选择明文的存在性伪造攻击。同时，方案仍具有抗合谋攻击特性。方案的安全性归约为计算 Diffie－Hellman 数学问题。另外，本节还给出无需可信中心属性授权机构方案的安全模型。

3.4.1 方案的形式化定义

无需可信中心属性授权机构的签名过程一般由以下四种算法构成：

（1）系统建立算法（Setup）：由系统运行的概率性随机算法，输入 1^l，l 是系统的安全参数，产生系统公私钥对（MP，MK）。

（2）密钥生成算法（Key generation）：由各个属性授权机构运行的概率性随机算法，输入 MK，签名者的身份 u 以及与此属性授权机构有关的多个属性，属性授权机构给签名者产生其控制属性的私钥。

（3）签名算法（Sign）：由签名者运行的一个概率性算法，输入系统参数 MP，消息 M，属性集合，以及从各个属性授权机构获得的私钥，输出签名 σ。

（4）验证算法（Verify）：这是由验证者运行的一个确定性算法。输入 M、MP 和 σ，输出比特值 b，若 $b=1$，表示签名有效，$b=0$，表示签名无效。

3.4.2 方案的安全模型

通过构造一个算法模拟挑战者与敌手之间的游戏，定义无中心属性授权机构的多属性授权的属性签名方案在适应性选择消息和指定属性的攻击模型下抗存在性伪造（$EUF\text{-}sA\text{-}CMA$）的安全模型。为了移除中心属性授权机构（CAA），挑战者与敌手之间的游戏中，考虑即使任意 $t-2$ 个属性授权机构被敌手恶意破坏的情况，敌手最终也能生成正确私钥和有效签名。游戏过程如下：

（1）系统初始化阶段：敌手先分别给出各属性授权机构 AA_k，$k=1$，…，n 的挑战属性集合为 ω_k^*。

（2）系统建立阶段：挑战者运行方案的系统建立算法得到系统的公开参数 MP 和主密钥及各属性授权机构的私钥 SK。对于已被恶意破坏的那些属性授权机构，挑战者发送 MP 和 SK 给敌手；对于那些诚实可信的属性授权机构，挑战者只发送 MP 给敌手，自己保存 SK。

（3）询问阶段：敌手可以适应性地通过挑战者对以下三种预言机提出一定数量的询问：

①随机预言机的询问：输入任意消息 M，输出一个随机值。

②私钥预言机的询问：敌手可以询问各属性授权机构的任何属性集合 γ_k 获得私钥 SK，但前提是至少有一个属性授权机构 A_k 是可信的，其属性集合 γ_k 满足 $|\gamma_k \bigcap \omega_k^*| < t_k$，$t_k$ 是事先设定的各个属性授权机构的门限值。挑战者运行密钥生成算法得到 SK，并将 SK 发送给敌手；

③签名预言机的询问：输入需要签名的消息 M 和私钥值 SK，挑战者运行签名算法得到 σ，并将 σ 发送给敌手。

（4）伪造阶段：敌手输出消息 M^* 在属性集合 ω^* 上伪造的签名 σ^*，如果其满足以下条件，则敌手获胜：

①σ^* 是有效的签名，即签名 σ^* 能通过方案在（M，σ^*）的验证算法。

②对于 ω_k^*，敌手没有进行私钥询问。

③对于（M，ω_k^*），敌手没有进行签名询问。

把敌手在上面游戏中获胜的概率定义为敌手的优势。

定义 3.1　如果敌手运行时间最多为 c，询问随机预言机的次数最多是 q_H，询问私钥的次数最多为 q_K，签名询问的次数最多为 q_S，并且敌手优势概率至少为 ε，则敌手可以以（c，q_H，q_K，q_S）攻击方案。如果不存在这样的敌手，则该方案是在自适应选择消息和指定属性访问结构攻击下存在性不可伪造（Existential Unforgery under Slective Attribute and Chosen Message Attack，简称 EUF‐sA‐CMA）。

3.4.3　签名方案的构造

假设方案有 n 个属性授权机构，利用 DKG 协议和 JZSS 协议将可信中心属性授权机构移除，但要求必须至少有 t 个属性授权机构是可信的，其中要求 $n \geqslant 2k-1$。有关 DKG 和 JZSS 的详细知识，有兴趣的可以参考文献［70‐72］，在此只简单介绍两个协议及其在本方案中所起的作用，在 DKG 中，有关于随

机值 υ 的一个（t，n）秘密共享方案，多个参与者 P_k，$k=1$，$\cdots$，n 获得相应的私钥份额 υ_k，即（υ_1，$\cdots$，υ_n）$\xrightarrow{(t,n)}\upsilon$，若 g^υ 已知，则只有 t 个可信的参与者合作才能重建密钥 υ。JZSS 与 DKG 相似，是值为 0 的一个（t，n）秘密共享方案，同样至少有 t 个可信的参与者合作才能重建 0 值。

本书方案中系统私钥有两个，即 a_0 和 b_0，a_0 由执行一次 DKG 协议产生，任何属性授权机构 AA_k，$k=1$，$\cdots$，n 都不知道 a_0，每个属性授权机构拥有 a_0 相应的私钥份额 $a_{k,0}$，为生成多项式 $a_{k,0}+a_{k,1}x+\cdots+a_{k,m-1}x^{m-1}$ 的其他系数 $a_{k,j}$，$k=1$，$\cdots$，n；$j=1$，$\cdots$，m，需要执行 m 次 JZSS 来确定，并且能保证 $(a_{1,j}$，$a_{2,j}$，$\cdots$，$a_{n,j})_{j=1,\cdots,m}$ 是 0 的 m 个（t，n）秘密共享方案所对应的随机多项式的各个系数。再执行一次 DKG 协议产生系统私钥 b_0，使下面等式成立：$a_0=\sum_{l=1}^{l=t}a_{k_l,0}\zeta_{k_l}$，$b_0=\sum_{l=1}^{l=t}b_{k_l,m+1}\zeta_{k_l}$，$0=\sum_{l=1}^{l=t}a_{k_l,j}\zeta_{k_l}$，$j=1$，2，$\cdots$，$m$，同样，三个式子都表明如果要重建 a_0，b_0 和 0 都至少需要 t 个可信的属性授权机构的合作才能完成。

下面是本节提出的全域属性范围内的签名方案的构造过程：

（1）系统建立算法：阶为素数 p 的群 G_1，G_2，线性映射 e：$G_1\times G_1\rightarrow G_2$，生成元 $g\in G_1$，多个属性授权机构 $AA_k(k=1$，2，$\cdots$，$n)$ 分别管理各自的 n_k+1 个属性，$N=\{1$，2，$\cdots$，$n_k+1\}$。AA_k 随机选择 $t_{k,1}$，$\cdots$，t_{k,n_k+1}，$g_3\in G_1$，且公开。定义一个哈希函数 H：$\{0,1\}^*\rightarrow G_1$。定义函数 $T_k(x)=g_3^{x^{n_k}}\prod_{i=1}^{n_k+1}t_{k,n_k+1}^{\Delta_{i,(1,2,\cdots n_k+1)}(x)}$。

执行 2 次 DKG 和 m 次 JZSS，产生系统私钥 a_0 和 b_0，计算 $g_1=g^{a_0}$，$g_2=g^{b_0}$，$z=e(g_1,g_2)$，且公开。这样，对于每个属性授权机构 $AA_k(k=1$，2，$\cdots$，$n)$ 的私钥 SK_k 是：

$$\langle a_{k,0}，a_{k,1}，a_{k,2}，\cdots，a_{k,m}，b_{k,m+1}\rangle$$

所有属性授权机构产生的私钥是：$SK=\langle SK_1$，$\cdots$，$SK_n\rangle$，公共系统参数是：

$$PK=\langle g，g_1，g_2，g_3\{t_{k,1}，\cdots，t_{k,n_k+1}\}_{k=1,\cdots,n}\rangle$$

（2）密钥生成算法：用户 u 为自己随机选择全局身份标识 GID，作用是防止合谋攻击，要求不同的用户 GID 是不同的。每个属性授权机构随机选择多项式 q_k 使其满足 $q_k(0)=a_{k,0}+a_{k,1}GID+\cdots+a_{k,m}GID^m$，用户 u 的属性集合 ω_u^k 中的每个属性对应的私钥为：

$$SK_u=\langle\{g_2^{q_k(i)}T_k(j)^{r_i}\}_{i\in\omega_u^k}，\{g^{r_i}\}_{i\in\omega_u^k}\rangle_{k=1,\cdots,n}$$

其中随机选择 $r_i \in z_p$。

（3）签名算法：用户 u 选择签名属性集合 $S_k \subseteq \omega_k$，$|S_k| = t_k$，t_k 是事先设定的各个属性授权机构的门限值。设 $\Delta_{i,s_k}(0)$ 是签名属性集合 S_k 中 $\{1, \cdots, t_k\}$ 拉格朗日插值多项式的系数，$\Delta_{k,S}(0)$ 是集合 $\{1, \cdots, t\}$ 拉格朗日插值多项式的系数，用户 u 对消息 M 产生的签名为：

$$\sigma = \langle \prod_{k=1}^{k=t}(\prod_{i \in S_k}(g_2^{q_k(i)}T_k(i)^{r_i})^{\Delta_{i,s_k}(0)})^{\Delta_{k,S}(0)}H(M)^s, \ ((g^{r_i})^{\Delta_{i,s_k}(0)})^{\Delta_{k,S}(0)}, \ g^s)_{i \in S_k},$$

其中随机选择 $s \in z_p$。

（4）验证算法：由签名结果可设

$$\sigma_1 = \prod_{k=1}^{k=t}(\prod_{i \in S_k}(g_2^{q_k(i)}T_k(i)^{r_i})^{\Delta_{i,s_k}(0)})^{\Delta_{k,S}(0)}H(M)^s,$$

$$\sigma_2 = ((g^{r_i})^{\Delta_{i,s_k}(0)})^{\Delta_{k,S}(0)}, \ \sigma_3 = g^s, \ i \in S_k$$

已知消息 M 及签名属性集合 S_k，验证下列等式是否成立：

$$e(g, \sigma_1) = z \cdot \prod_{k=1}^{k=t}(\prod_{i \in S_k}(e(T_k(i), \sigma_2)) \cdot e(H(M), \sigma_3)$$

如果上式成立，则接受，如果不成立，则拒绝。

3.4.4 方案的正确性

验证算法中等式成立的条件是签名者的签名属性集合 S_k 中已知足够多的 t_k 个点 $q_k(i)$，从而最终递归地恢复出 $q_k(0) = y_{k,u}$，同时对于多个属性授权机构，至少需要 t 个可信的属性授权机构参与，利用 DKG 和 JZSS 才能恢复出 a_0。由拉格朗日插值多项式的性质可知：

$$q_k(0) = \sum_{i \in s_k} q_k(i)\Delta_{i,s_k}(0), \ \text{其中} \ \Delta_{i,s_k}(0) = \prod_{j \in s_k, j \neq i} \frac{j}{j-i}$$

具体推导过程如下：

$$\frac{e(g, \sigma_1)}{\prod_{k=1}^{k=t}(\prod_{i \in S_k}(e(T_k(i), \sigma_2)) \cdot e(H(M), \sigma_3)}$$

$$= \frac{e\Big(g, \ \prod_{k=1}^{k=t}(\prod_{i \in S_k}(g_2^{q_k(i)})^{\Delta_{i,s_k}(0)})^{\Delta_{k,S}(0)}\Big)e\Big(g, \ \prod_{k=1}^{k=t}(\prod_{i \in S_k}(T_k(i)^{r_i})^{\Delta_{i,s_k}(0)})^{\Delta_{k,S}(0)}\Big)e(g, \ H(M)^s)}{\prod_{k=1}^{k=t}\prod_{i \in S_k}e(T_k(i), \ ((g^{r_i})^{\Delta_{i,s_k}(0)})^{\Delta_{k,S}(0)}) \cdot e(H(M), \ g^s)}$$

$$= \frac{e\Big(g, \ \prod_{k=1}^{k=t}(g_2^{\sum_{i \in S_k}q_k(i)\Delta_{i,s_k}(0)})^{\Delta_{k,S}(0)}\Big)e\Big(g, \ \prod_{k=1}^{k=t}(\prod_{i \in S_k}(T_k(i)^{r_i})^{\Delta_{i,s_k}(0)})^{\Delta_{k,S}(0)}\Big)e(g, \ H(M)^s)}{\prod_{k=1}^{k=t}(\prod_{i \in S_k}e(((T_k(i)^{r_i})^{\Delta_{i,s_k}(0)})^{\Delta_{k,S}(0)}, \ g) \cdot e(H(M), \ g^s)}$$

$$= e\big(g,\ \prod_{k=1}^{k=t}(g_2{}^{q_k{}^{(0)}})^{\Delta_{k,S^{(0)}}}\big)$$

$$= e\big(g,\ \prod_{k=1}^{k=t}(g_2{}^{a_{k,0}+a_{k,1}GID+\cdots a_{k,m}GID^m})^{\Delta_{k,S^{(0)}}}\big)$$

$$= e\big(g,\ g_2{}^{\sum\limits_{k=1}^{k=t}(a_{k,0}+a_{k,1}GID+\cdots a_{k,m}GID^m)\Delta_{k,S^{(0)}}}\big)$$

$$= e\big(g,\ g_2{}^{a_0}\big)$$

上式最后一步通过利用执行 DKG 和 JZSS 生成的等式 $a_0 = \sum_{l=1}^{l=t} a_{k_l,0}\gamma_{k_l}$ 和 $0 = \sum_{l=1}^{l=t} a_{k_l,j}\gamma_{k_l}$ 可得。

3.4.5　方案安全性证明

3.4.5.1　存在性不可伪造

在签名方案中，如果签名用户不满足各属性授权机构声明的属性结构，无法伪造出有效的签名，如果敌手以不可忽略的概率 ε 能伪造签名，说明敌手就能以不可忽略的概率来解决 CDH 问题，这是矛盾的，从而证明方案具有抗存在性伪造的安全性。

定理 3.3　如果 CDH 问题是困难的，DKG 协议和 JZSS 协议是安全的，即使任意 $t-2$ 个属性授权机构被敌手恶意破坏，我们提出的方案在自适应选择消息和指定属性攻击下是存在性不可伪造的。

证明：利用归约法证明，假设敌手 F_0 能以不可忽略的概率优势 ε 伪造签名，那么就意味着能构造一个算法 F_1 利用敌手的挑战者 C 来解决 CDH 困难问题，从而导致矛盾。首先给算法 F_1 一个 CDH 问题的实例：设 $a=a_0$，$b=b_0$，$A=g_1=g^{a_0}$，$B=g_2=g^{b_0}$，$z=(g_1,\ g_2)$，已知 $(g,\ g^a,\ g^b)$，算法 F_1 为了计算 g^{ab}，其模拟敌手 F_0 与挑战者 C 之间的游戏过程如下：

（1）系统初始化阶段：敌手给出各属性授权机构挑战的属性集合 ω_k^*。

（2）系统建立阶段：A，B 作为公钥参数。考虑最坏的情况，假设敌手已恶意攻破 $t-2$ 个属性授权机构，这些已被攻破的属性授权机构的集合表示为 $\phi=\{AA_1,\cdots,AA_{t-2}\}$，诚实可信的属性授权机构的集合是 $\varphi=\{AA_{t-1},\cdots,AA_n\}$。

（3）询问阶段：敌手可以适应性地通过挑战者 C 对以下三种预言机提出一定数量的询问：

①随机预言机的询问：挑战者可以最多询问 q_H 次随机预言机 H，并保存随机预言机 H 的询问结果列表 L，随机选择整数 $\delta \in [1,\ q_H]$，M_i 是要询问随机预言机 H 的消息，挑战者检查列表 L，并执行下面操作：如果询问的消息

M_i 能在列表 L 中找到，挑战者则将消息对应的相同的回答返回给敌手；否则，挑战者会进行两种选择：

若 $i \neq \delta$，挑战者随机选择 α_i，$\beta_i \in \mathbf{Z}_p$，$H(M_i) = g_1{}^{\alpha_i} g^{\beta_i}$；

若 $i = \delta$，挑战者随机选择 $\beta_i \in \mathbf{Z}_p$，$H(M_i) = g^{\beta_i}$。

②私钥预言机的询问：敌手可以询问各属性授权机构的任何属性集合 γ_k，从而获得私钥，私钥询问分为在可信属性授权机构的询问和在不可信属性授权机构（也称为被恶意攻破的属性授权机构）的询问：

对于 $AA_k \in \phi$，即属性授权机构 AA_k 已被恶意攻破，敌手通过模拟 DKG 协议和 $JZSS$ 协议，获得 $a_{k,0}$，$a_{k,1}$，$a_{k,2}$，$\cdots$，$a_{k,m}$，$b_{k,m+1}$，$k \in \{1, \cdots, t-2\}$，意味着敌手能够很顺利模拟 $t-2$ 个已攻破的属性授权机构的私钥，由于

$$y_{k,u} = q_k(0) = a_{k,0} + a_{k,1}GID + \cdots + a_{k,m}GID^m, \quad k=1, 2, \cdots, t-2,$$

用户的签名私钥为：$SK_{u,k} = (g_2{}^{q_k(i)} T_k(j)^{r_i}, g^{r_i})$。

而对于 $AA_k \in \varphi$，且 $|\gamma_k \bigcap \omega_k^*| < t_k$，由于至少有 t 个合格的属性授权机构才能保证签名的顺利完成，因此允许敌手能获得 φ 中的一个可信属性授权机构 $AA_{\bar{k}}$ 的私钥为：随机选择 $y_{\bar{k},u} \in \mathbf{Z}_p$，使 $q_{\bar{k}}(0) = y_{\bar{k},u}$。随机多项式 $q_{\bar{k}}$ 满足 $q_{\bar{k}}(0) = y_{\bar{k},u}$，则用户的签名私钥是：$SK_{u,\bar{k}} = \langle g_2{}^{q_{\bar{k}}(i)} T_{\bar{k}}(j)^{r_i}, g^{r_i} \rangle$。对于 φ 中其他的属性授权机构 $AA_{\hat{k}}$ 的签名私钥可以从等式 $a_0 = \sum_{l=1}^{l=t+1} a_{k_l,0} \zeta_{k_l}$ 获得，为

$$q_{\hat{k}}(0) = \frac{a - \sum_{k \in \{1,2,\cdots k, \bar{k}\}} (y_{k,u} \zeta_k)}{\zeta_{\hat{k}}} = \frac{a - \sum_{k \in \{1,2,\cdots k, \bar{k}\}} (y_{k,u} \zeta_k)}{\zeta_{\hat{k}}},$$

其中，$\zeta_{\hat{k}}$ 是集合 $\{1, 2, \cdots, \hat{k}, \bar{k}\}$ 的拉格朗日多项式的系数。

设置 3 个集合 $\Gamma_{\hat{k}}$，$\Gamma_{\hat{k}}'$，$S_{\hat{k}}$，且满足 $\Gamma_{\hat{k}} = \gamma_{\hat{k}} \bigcap \omega_{\hat{k}}^*$，$\Gamma_{\hat{k}} \subseteq \Gamma_{\hat{k}}' \subseteq \omega_{\hat{k}}^*$，$|\Gamma_{\hat{k}}'| = t_{\hat{k}} - 1$，$S_{\hat{k}} = \Gamma_{\hat{k}}' \bigcup \{0\}$。

如果 $i \in \omega_{\hat{k}}^* \setminus \Gamma_{\hat{k}}'$，随机选择 $d_{\hat{k}} - 1$ 个点 v_i，设置 $q_{\hat{k}}(i) = v_i$，则用户签名私钥是：

$$SK_{u,\hat{k}} = \langle g_2{}^{q_{\hat{k}}(i)} T_{\hat{k}}(i)^{r_i}, g^{r_i} \rangle,$$

其中随机选择 $r_i \in \mathbf{Z}_p$。

如果 $i \in \omega_{\hat{k}}^* \setminus \Gamma_{\hat{k}}'$，$q_{\hat{k}}(i) = \Delta_0(i)(q_{\hat{k}}(0) + \sum \Delta_j(i) v_j)$，$\Delta_j(i)$ 是 $q_{\hat{k}}(j)$ 的拉格朗日系数。则用户的签名私钥为：

$$SK_{u,\hat{k}} = \langle g_2{}^{q_{\hat{k}}(i)} T_{\hat{k}}(j)^{r_i}, g^{r_i} \rangle = \langle g_2^{\Delta_0(i)\frac{a - \sum_{k \in \{1,2,\cdots \hat{k},\bar{k}\}} (y_{k,u} \gamma_k)}{\gamma_{\hat{k}}} + \sum \Delta_j(i) v_j} T_{\hat{k}}(j)^{r_i}, g^{r_i} \rangle$$

由此可见，不管用户的属性是属于集合 ϕ 还是集合 φ 都能获得签名私钥，且形式都相同，说明敌手能模拟方案中的私钥生成算法。

③签名预言机的询问：敌手通过挑战者对多个属性集合 γ_k 进行签名询问，前提条件是属性集合 γ_k 满足 $|\gamma_k \bigcap \omega_k^*| < t_k$ 或者 $H(M_i)=g^{\beta_i}$，后者是为了保证消息的随机预言机询问在 $[1, q_H]$ 之中。挑战者对消息的签名模拟为：如果属性集合 γ_k 满足 $|\gamma_k \bigcap \omega_k^*| < t_k$ 或 $H(M_i)=g^{\beta_i}$，可以按照上述签名算法正常签名：

$$\sigma = \langle \prod_{k=1}^{k=t}(\prod_{i\in S_k}(g_2^{q_k(i)}T_k(i)^{r_i})^{\Delta_{i,s_k}(0)})^{\Delta_k.s(0)}H(M)^s, ((g^{r_i})^{\Delta_{i,s_k}(0)})^{\Delta_k.s(0)}, g^s)_{i\in S_k}\rangle$$

否则，根据哈希函数的设置，$H(M_i)=g_1^{\alpha_i}g^{\beta_i}$，挑战者的签名主要是为了模拟签名算法两部分 $(g_2^a\prod_{k=1}^{k=t}(\prod_{i\in S_k}(T_k(i)^{r_i})^{\Delta_{i,s_k}(0)})^{\Delta_k.s(0)}H(M)^s, g^s)$，随机选择 $s'\in \mathbf{Z}_p$，使 $s=-\frac{1}{\alpha_i}b+s'$，这两部分变成：

$$\langle g_2^{\frac{-\alpha_i}{\beta_i}}\prod_{k=1}^{k=t}(\prod_{i\in S_k}(T_k(i)^{r_i})^{\Delta_{i,s_k}(0)})^{\Delta_k.s(0)}(g_1^{\alpha_i}g^{\beta_i})^{s'}, g_2^{\frac{-1}{\alpha_i}}g^{s'}\rangle$$

说明挑战者在两种情况下都能够获得签名，且形式也相同，所以敌手能模拟方案中的签名算法。

（4）伪造阶段：敌手输出消息 M^* 在属性集合 ω^* 上伪造的签名 σ^*。如果集合满足 $|\omega_k \bigcap \omega_k^*| \geq t_k$ 或者 $H(M^*)\neq g^{\beta_\lambda}$ 就退出，否则，利用上面得到的私钥代入签名算法得到签名 $\sigma^*=\langle \sigma_1^*, \sigma_2^*, \sigma_3^*\rangle$，并将其代入验证算法的等式中，即

$$e(g,\sigma_1^*) = z\cdot \prod_{k=1}^{k=t}(\prod_{i\in S_k}(e(T_k(i), \sigma_2^*))\cdot e(H(M), \sigma_3^*)$$

由文献 [58] 及前一节推导，可设 $T_k(i)=g^{\theta_k(i)}$，另外，$H(M^*)=g^{\beta_\delta}$，则

$$e(g,\sigma_1^*) = z\cdot \prod_{k=1}^{k=t}(\prod_{i\in S_k}(e(g, \sigma_2^{*f_k(i)}))\cdot e(g, \sigma_3^{*\beta_\lambda})$$

进一步简化为：

$$g^{ab} = \prod_{k=1}^{k=t}\left(\prod_{i\in S_k}\left(\frac{\sigma_1^*}{\sigma_2^{*\theta_k(i)}\cdot\sigma_3^{*\beta_\delta}}\right)\right)$$

上式意味着 CDH 问题是可以求解的，或者敌手能违反 DKG 协议和 JZSS 的私密性，矛盾！所以方案是存在性不可伪造安全的。

3.4.5.2 抗合谋攻击

抗合谋攻击要求不同签名者即使一起合谋也不能伪造出其独自不能生成的签名结果。具有抵抗合谋攻击的安全性是基于属性加密体制的最基本要求。本方案采用了与文献 [68] 相同的算法，不同的签名者 GID 都是通过随机选择种子 s_k 来实现抗合谋攻击。

3.4.6　与其他方案的性能比较

与文献［68］相比，两者都能容忍一些属性授权机构被敌手恶意破坏，但本方案是无需可信的中心属性授权机构，只需要多个属性授权机构中诚实可信的属性授权机构个数达到 t（其中，$n \geqslant 2k-1$）就能保证整个系统的安全性能，所以减少了有关中心属性授权机构和各个属性授权机构的大量通信工作，从而提高系统的工作效率。

另外，与其他基于属性的签名方案[58,80]相比，我们提出的方案还有 3 个优点：一个是签名者只需公开部分属性集合，即 $S_k \subseteq \omega_k$，$|S_k| = t_k$，验证者只知道签名者满足声称的属性门限值 t_k 及签名属性集合 S_k，并不确定签名者所拥有的全部属性特征，更获得不了签名者的身份 u，较好地保护了签名者的隐私；另一个是该算法的签名效率高，签名过程只是群上的指数运算、加法和乘法运算，不需要任何的双线性对的运算。最后是，验证算法的效率也有所提高，文献［58，80］中是对属性集合中的每个属性进行签名，验证算法进行各个属性有关的双线性对连乘运算，而本方案是在签名算法中进行连乘运算，在验证算法中则大大减少了双线性对的运算次数，从而提高了验证的效率。

3.5　本章小结

本章一共提出了 3 个有关多个属性授权机构的基于属性签名方案，每个方案的侧重点都不一样，第一个多个属性授权机构的基于属性签名方案在实际生活中很实用，用户的多个属性由不同的属性授权机构发放管理，这样能提高工作效率，缓解属性授权机构的工作负担，证明了本方案的正确性，并分析方案的安全性，签名效率也较高，同时也能保护签名者的身份；第二个方案是在全域属性参数环境下设计的，采用访问控制结构对属性进行细粒度划分，并给出完整的可证明安全过程；第三个方案采用 DKG 技术和 JZZ 技术将中心属性授权机构移除，使系统的安全不再依赖管理多个属性授权机构的中心属性授权机构，大大提高了系统的安全性和实用性，方案还给出了安全模型。后两个方案使用归约的研究方法证明了方案安全性，在选择属性攻击模型下证明方案能够抵抗适应性选择明文的存在性伪造攻击和抗合谋攻击，方案的安全性归约为计算 Diffie - Hellman 数学问题。

第四章　安全的无需可信属性授权机构的签名算法

本章研究的是单属性授权机构的基于属性签名体制。为了解决单属性授权机构的基于属性签名体制中密钥托管问题，本章设计了无需可信属性授权机构的签名方案，给出了方案的形式化定义及安全模型，同时也证明了方案的安全性。

4.1　引言

基于身份的密码体制虽然大大简化了传统的基于证书公钥密码体制的密钥管理过程，但最大问题就是密钥托管问题，密钥生成中心（PKG）知道所有用户的私钥，PKG可以冒充任何用户进行加密或者签名，并且不会被发现，这样整个系统会崩溃，所以整个系统必须要求PKG是无条件地可信，这是基于身份的密码体制的缺陷，许多学者先后提出很多无需可信密钥生成中心（PKG）的方案来解决这个问题。基于属性的签名体制与基于身份的签名体制一样，也存在密钥托管问题，可信属性授权机构（AA）为签名用户的每个属性产生对应签名私钥，这个属性授权机构必须无条件地是诚实可信的，否则属性授权机构可以冒充任何用户进行签名，并且不会被发现，使整个系统处于安全隐患之中。目前关于无需可信属性授权机构（AA）签名方案的研究还很少，这方面是本章研究重点。

为了解决基于属性签名体制的密钥托管问题，本书设计出无需可信属性授权机构的签名方案，用户通过拥有的属性值向属性授权机构（AA）获得私钥，同时用户再加入自己的私钥共同形成签名私钥，这样，由于属性授权机构（AA）并不完全知道用户的全部签名私钥，就无法冒充用户签名，从而保证了系统的安全。文章先介绍了方案的形式化定义和安全模型，再对方案进行系统的证明，证明该方案安全归约为计算 Diffie-Hellman 困难问题。本章研究的无需可信属性授权机构的签名方案提高了系统的安全性和实用性，是有一定的现实意义。

4.2　方案的形式化定义

无需可信属性授权机构的基于属性签名体制中仍然有两个主要成员：属性授权机构（AA）和签名用户。方案的签名过程一般由以下四种算法构成：

（1）系统建立算法（Setup）：由属性授权机构（AA）运行的概率性随机算法，输入参数 1^l，l 是系统的安全参数，属性授权机构给用户产生系统的公私钥对（MP，MK）。

（2）密钥生成算法（Key Generation）：由属性授权机构（AA）和签名用户共同运行的概率性随机算法，首先，输入 MP 和签名用户属性集合 ω，属性授权机构（AA）给用户产生签名的部分公私钥对（SK'，PK'）；其次，签名用户在属性授权机构（AA）产生的私钥中加入用户自己的随机因子，最终产生用户签名公私钥对（SK，PK）。

（3）签名算法（Sign）：由签名者运行的概率性算法，输入系统公开参数 MP，消息 M，属性集合 ω，以及从属性授权机构和签名用户获得的公私钥对（SK，PK），输出签名 σ。

（4）验证算法（Verify）：由验证者运行的确定性算法。输入 M、MP、PK 和 σ，输出 $b=1$，表示签名有效，$b=0$，表示签名无效。

4.3　方案的安全模型

本方案通过构造一个算法 F_1 模拟挑战者 C 与敌手 F_0 之间的游戏，定义无需可信属性授权机构的基于属性签名方案在适应性选择消息和指定属性攻击模型下是抗存在性伪造（EUF - sA - CMA）的安全模型。算法 F_1 模拟挑战者 C 与敌手 F_0 之间的游戏过程主要有以下四个阶段：

（1）系统初始化阶段：敌手 F_0 给出挑战属性集合为 ω^*。

（2）系统建立阶段：挑战者运行方案的系统建立算法得到系统公开参数 MP 和主密钥 MK。挑战者发送 MP 给敌手，自己保存 SK。

（3）询问阶段：敌手可以适应性地通过挑战者对以下三种预言机提出一定数量的询问：

①随机预言机的询问：输入消息 M，输出随机值。

②私钥预言机的询问：敌手可以询问属性授权机构的任何属性集合 γ，且满足 $|\gamma \cap \omega^*| < t$，$t$ 是事先设定的属性授权机构门限值，从而获得私钥 SK'，

挑战者运行密钥生成算法得到 SK，并将 SK 发送给敌手；

③签名预言机的询问：输入需要签名的消息 M 和询问的私钥值 SK，挑战者运行签名算法得到 σ，并将 σ 发送给敌手。

（4）伪造阶段：敌手输出消息 M^* 在属性集合 ω^* 上伪造的签名 σ^*，如果其满足以下条件，则敌手获胜：

①σ^* 是有效的签名，即签名 σ^* 能通过方案在（M，σ^*）的验证算法；

②对于 ω^*，敌手没有进行私钥询问；

③对于（M^*，ω^*），敌手没有进行签名询问。

把敌手在上面游戏中获胜的概率定义为敌手的优势，即

$$Adv_{F_0} = \Pr[F_0 \, succeeds]$$

定义 4.1　如果敌手运行时间最多为 c，询问随机预言机的次数最多是 q_H，询问私钥的次数最多为 q_k，签名询问的次数最多为 q_s，并且敌手优势至少为 ε，则敌手可以以（c，q_H，q_k，q_s）攻击方案。如果不存在这样的敌手，则该方案在自适应选择消息和指定属性访问结构攻击下是存在性不可伪造（Existential Unforgery under Slective Attribute and Chosen Message Attack，简称 EUF‐sA‐CMA）。

4.4　方案的构造

无需可信属性授权机构的基于属性签名过程一般由以下四种算法构成：

（1）系统建立算法：初始化参数，由属性授权机构（AA）完成，取阶为素数 p 的群 G_1，G_2，线性映射 e：$G_1 \times G_1 \rightarrow G_2$，生成元 $g \in G_1$，定义一个哈希函数 H：$\{0, 1\} \rightarrow G_1$，设全域属性域 $N = \{1, 2, \cdots, n+1\}$，属性授权机构（AA）随机且均匀选择 g_3，t_1，$\cdots$，$t_{n+1} \in G_1$，则可以定义一个函数 $T(x) = g_3^{x^n} g^{h(x)} = g_3^{x^n} \prod_{i=1}^{n+1} t_i^{\Delta_{i,N}(x)}$。属性授权机构（AA）随机选择 $y_1 \leftarrow Z_p$，并计算 $g_1 = g^{y_1}$，则可以得到系统公钥参数是 $MP = \langle G_1, G_2, e, p, g, g_1, g_3, t_1, \cdots, t_{n+1}, H \rangle$，系统的私钥为 $MK = y_1$。

（2）密钥生成算法：为了阻止 AA 冒充签名者进行签名伪造，签名者随机选择 $y_2 \in \mathbf{Z}_p$，并计算 $g_2 = g^{y_2}$，将 g_2 公开，同时将 y_2 保密。AA 随机选择一个 $t-1$ 多项式 $q(x)$，且满足 $q(0) = y_1$。同时，签名者也随机选择一个 $t-1$ 多项式 $q'(x)$，且满足 $q'(0) = y_2$。签名用户的属性集合为 ω，从集合 ω 中选择一个集合 S，满足条件 $S \subseteq \omega$，$|S| = t$。AA 对 S 中的每个属性随机选择 $r_i \in \mathbf{Z}_p$，

产生对应的签名私钥：

$$SK = \langle (g_3^{q(i)})^{q'(i)} T(i)^{r_i}, \; g^{r_i} \rangle_{i \in S}$$

（3）签名算法：输入需要签名的消息 M、签名属性集合 ω 和签名私钥 SK，签名者随机选择 $s_i \in \mathbf{Z}_p$，输出签名：

$$\sigma = \langle \sigma_1, \; \sigma_2, \; \sigma_3 \rangle$$

$$= \langle (g_3^{q(i)})^{q'(i)} T(i)^{r_i} H(M)^{s_i}, \; g^{r_i}, \; g^{s_i} \rangle_{i \in S}$$

（4）验证算法：根据已知的 MP、g_2、S 和签名（M，σ），验证者计算 $Z = e(g_2, \; g_3)$，验证下列等式是否成立：

$$\prod_{i \in S} \left(\frac{e(g, \; \sigma_1)}{e(T(i), \; \sigma_2) \cdot e(H(M), \; \sigma_3)} \right)^{\Delta_{i,S^{(0)}}^2} = Z$$

如果上面等式成立，输出 1，即接受签名；否则，输出 0，即拒绝签名。

4.5　方案的正确性

验证算法中等式成立的条件是签名者的签名属性集合 S 中已知足够多的 t 个点，由拉格朗日插值多项式的性质才能最终递归地恢复出系统私钥。

由签名结果得到 $\sigma = \langle \sigma_1, \; \sigma_2, \; \sigma_3 \rangle$，具体推导过程如下：

$$\prod_{i \in S} \left(\frac{e(g, \; \sigma_1)}{e(T(i), \; \sigma_2) \cdot e(H(M), \; \sigma_3)} \right)^{\Delta_{i,S^{(0)}}^2}$$

$$= \prod_{i \in S} \left(\frac{e(g, \; (g_3^{q(i)})^{q'(i)} T(i)^{r_i} H(M)^{s_i})}{e(T(i), \; g^{r_i}) \cdot e(H(M), \; g^{s_i})} \right)^{\Delta_{i,S^{(0)}}^2}$$

$$= \prod_{i \in S} \left(\frac{e(g, \; g_3^{q(i) q'(i)}) e(g, \; T(i)^{r_i}) e(g, \; H(M)^{s_i})}{e(T(i), \; g^{r_i}) \cdot e(H(M), \; g^{s_i})} \right)^{\Delta_{i,S^{(0)}}^2}$$

$$= \prod_{i \in S} e(g, \; g_3^{q(i) q'(i)})^{\Delta_{i,S^{(0)}}^2}$$

$$= \prod_{i \in S} e(g^{q(i) \Delta_{i,S^{(0)}}}, \; g_3^{q'(i) \Delta_{i,S^{(0)}}})$$

$$= (g^{\sum_{i \in S} q(i) \Delta_{i,S^{(0)}}}, \; g_3^{\sum_{i \in S} q'(i) \Delta_{i,S^{(0)}}})$$

$$= e(g^{y_1}, \; g_3^{y_2})$$

$$= e(g^{y_1 y_2}, \; g_3)$$

$$= Z$$

4.6 安全性证明

4.6.1 存在性不可伪造

对于一个签名，如果一个用户不满足属性授权机构声明的属性访问结构，无法伪造出一个有效签名。在本书方案中，如果 F_0 以不可忽略的概率 ε 伪造一个签名，就说明我们能构造一个算法 F_1 以不可忽略的概率利用 F_0 解决 CDH 数学困难问题，这是矛盾的，从而此方案是存在性抗伪造。

定理 4.1 如果计算 Diffie‐Hellman 问题（CDHP）是困难的，则上述签名方案在自适应选择消息和指定属性集合攻击下是存在性不可伪造的。

证明：本方案的证明也是指定属性集合安全模型，需要在算法的初始化阶段就要选择要攻击的属性集合或者属性访问控制结构。利用归约方法证明，假设敌手能以不可忽略的概率优势 ε 伪造一个签名，那么就意味着我们能构造一个算法 F_1 利用 F_0 以不可忽略的概率来解决 CDH 数学困难问题。给定算法 F_1 一个群 G_1 及其生成元 g 和 CDH 数学问题的实例 (g, g^a, g^b)，为了能求出 g^{ab}，算法 F_1 模拟 F_0 的挑战者 C 的过程如下：

（1）系统初始化阶段：敌手输出挑战的属性集合是 ω^*。

（2）系统建立算法：设 $g_2 = g^a = g^{y_1 y_2}$ 和 $g_3 = g^b$，并计算 $z = (g_2, g_3)$。挑战者 C 运行系统初始化算法，获得公钥和私钥参数，并将公钥参数 $A = g_2$，$B = g_3$，$z = (g_2, g_3)$ 发给敌手，私钥参数自己保存。如文献 [58] 为属性授权机构 AA 随机选择 n 次多项式 $f(x)$ 和 $u(x)$，其中当且仅当 $x \in \omega^*$ 时，$u(x) = -x^n$。通过设 $t_i = g_3^{u(i)} g^{f(i)}$，$i = 1, 2, \cdots, n+1$，我们可以得到 $T(i) = g_3^{i^n + u(i)} g^{f(i)}$，$i = 1, \cdots, n+1$。推倒过程如下：

$$T(x) = g_3^{x^n} \prod_{i=1}^{n+1} t_i^{\Delta_{i,N}(x)}$$
$$= g_3^{x^n} \prod_{i=1}^{n+1} (g_3^{u(i)} g^{f(i)})^{\Delta_{i,N}(x)}$$
$$= g_3^{x^n} g_3^{\sum_{i=1}^{n+1} u(i) \Delta_{i,N}(x)} g^{\sum_{i=1}^{n+1} f(i) \Delta_{i,N}(x)}$$
$$= g_3^{x^n + u(x)} g^{f(x)}$$

算法 F_1 给出了系统的公钥参数：$MP = \langle g, g_1, g_3, t_1, \cdots, t_{n+1}, H, z = (g_2, g_3) \rangle$，算法 F_1 不知道系统的私钥 $MK = y_1$。

（3）询问阶段：敌手可以适应性地通过挑战者对以下三种预言机提出一定数量的询问：

①随机预言机的询问：敌手可以最多询问 q_H 次随机预言机 H，挑战者保存随机预言机 H 的询问结果列表 L，随机选择整数 $\delta \in [1, q_H]$，M_i 是要询问随机预言机 H 的消息，挑战者检查列表 L，并执行下面操作。如果询问的消息 M_i 能在列表 L 中找到，挑战者则将消息对应的相同的回答返回给敌手；否则，挑战者会进行两种选择：

若 $i \ne \delta$，挑战者随机选择 α_i，$\beta_i \in \mathbf{Z}_p$，$H(m_i) = g_2^{\alpha_i} g^{\beta_i}$；

若 $i = \delta$，挑战者随机选择 $\beta_i \in \mathbf{Z}_p$，$H(m_i) = g^{\beta_i}$。

②私钥预言机的询问：设敌手对多个属性集合 γ 进行私钥询问，前提条件是 $|\gamma \cap \omega^*| < t$。算法 F_1 设置 3 个集合分别满足下列条件：$\Gamma = \gamma \cap \omega^*$，$\Gamma' \subseteq \Gamma \subseteq \gamma$，$|\Gamma'| = t-1$，$S = \Gamma' \cup \{0\}$。

定义两个 $t-1$ 次多项式 $q(x)$ 和 $q'(x)$，分别满足条件 $q(0) = y_1$，$q(i) = k_i$ 和 $q'(0) = y_2$，$q'(i) = \lambda_i$，其中 k_i 和 λ_i 都是随机从 Z_p 选取，这同时暗示了 $k_i \cdot \lambda_i$ 也是随机从 Z_p 选取。我们就可以得到签名用户私钥：

当 $i \in \Gamma'$ 时，签名用户的私钥为：$SK_i = (g_3^{k_i \lambda_i} T(i)^{r_i}, g^{r_i})$，随机选择 k_i，λ_i，$r_i \in \mathbf{Z}_p$。

当 $i \in \gamma \backslash \Gamma'$（也就是 $i \notin \Gamma'$）时，签名用户的私钥为：

$$SK_{i1} = \prod_{j \in \Gamma'} g_3^{k_j \lambda_j \Delta_{j,S}(i)} (g_2^{\frac{-f(i)}{i^n+u(i)}} (g_3^{i^n+u(i)} g^{f(i)})^{r_i'})^{\Delta_{0,S}(i)}, \quad SK_{i2} = (g_2^{\frac{-1}{i^n+u(i)}} g^{r_i'})^{\Delta_{0,S}(i)}$$

下面我们需要看两个集合的私钥形式是否相同，由于当 $i \in \gamma \backslash \Gamma'$ 时，$i^n + u(i)$ 为非 0，那么设 $r_i = \left(r_i' - \frac{y_1 y_2}{i^n + u(i)} \right) \Delta_{0,S}(i)$，从文献 [58] 中同样的证明方法可以知道两个集合的私钥分布形式是相同的，这就说明算法 F_1 可以模拟出用户的私钥形式都为 $SK_i = \langle SK_{i1}, SK_{i2} \rangle$。

③签名预言机的询问：敌手通过挑战者对属性集合 γ 进行签名询问，前提条件是 $|\gamma \cap \omega^*| < t$。如果 $|\gamma \cap \omega^*| \geqslant t$，算法 F_1 退出；否则，算法 F_1 从集合 ω^* 随机选择 $t-1$ 个点构成集合 Ω，即 $\Omega \subset \omega^*$，$|\Omega| = t-1$。那么 Ω 中每个属性通过挑战者的询问便可按照前面描述的正常签名算法得到签名：

$$\sigma = \langle g_3^{k_i' \lambda_i'} T(i)^{r_i} H(M)^{s_i}, g^{r_i}, g^{s_i} \rangle$$

其中，随机选择 k_i'，$\lambda_i' \in \mathbf{Z}_p$。

因为签名需要 t 个属性的私钥进行签名才能通过签名过程的验证算法，下面我们就需要计算这第 t 个属性产生的签名。我们使用拉格朗日插值定理来完成。已知 $p(0)q(0) = y_1 y_2$，算法 F_1 可以模拟到第 t 个属性产生的签名为：

$$\sigma_1 = \left(\prod_{i=1}^{t-1} g_3^{k_i'\lambda_i'\Delta_{i,S}(i_t)}\right) g_3^{\frac{\Delta_{0,S}(i_t)\beta_i}{\alpha_{i_t}}} (g_2^{\alpha_{i_t}} g^{\beta_{i_t}})^{s_t'} T(i_t)^{r_t} , \ \sigma_2 = g^{r_t}$$

其中，同样随机选择 k_i'，λ_i'，$r_t \in \mathbf{Z}_p$。

（4）签名伪造：敌手输出消息 M^* 在属性集合 ω^* 上伪造的签名 $\sigma^* = \langle \sigma_1^*$，$\sigma_2^*$，$\sigma_3^* \rangle$。如果敌手满足 $|\omega \cap \omega^*| > d$ 或者 $H(M^*) \neq g^{\beta_0}$ 就退出，否则将满足下面的验证等式：

$$\prod_{i \in S} \left(\frac{e(g, \sigma_1^*)}{e(T(i), \sigma_2^*) \cdot e(H(M^*), \sigma_3^*)}\right)^{\Delta_{i,S}^2(0)} = Z$$

由前面可知 $T(i) = g_3^{i^n+u(i)} g^{f(i)}$，因为 $g_3 \in G_1$，则可将 $T(i)$ 简化为：$T(i) = g^{\theta(i)}$。另外，由 $H(M_i) = g^{\beta_i}$，可以知道 $H(M_i *) = g^{\beta_i}$。那么，验证等式进一步可以化简为：

$$\prod_{i \in S} \left(\frac{e(g, \sigma_1^*)}{e(g^{\theta(i)}, \sigma_2^*) \cdot e(g^{\beta_i}, \sigma_3^*)}\right)^{\Delta_{i,S}^2(0)}$$

$$= e(g^a, g^b)$$

$$= e(g, g^{ab})$$

从上面的式子可以看出算法 F_1 能够计算出 g^{ab} 的值，这就意味着已知 (g, g^a, g^b)，我们能计算出 g^{ab} 的值，如下式所示：

$$g^{ab} = \prod_{i \in S} \left(\frac{\sigma_1^*}{\sigma_2^{*\theta(i)} \cdot \sigma_3^{*\beta_i}}\right)^{\Delta_{i,S}^2(0)}$$

这说明，我们能通过各种手段构造一个算法 F_1 来解决密码学中的 CDH 数学困难问题，但这是不可能的，因为在第二章中，我们已经论述了 CDH 数学问题是不可求解的，这就是产生了矛盾！从而我们设计的方案是存在性不可伪造安全的。

4.6.2　抗合谋攻击

不同签名者即使合谋也不能伪造出一个他们之前独自不能生成的签名。具有抵抗合谋攻击的安全性是基于属性加密体制的一般要求。本方案采用了与文献［58］相同的方法，对不同签名用户随机选择不同的多项式，以此来抵抗多个用户的合谋攻击，证明方法如同其他基于属性的签名方案，这里不再赘述。

定理 4.2　本方案如同其他基于属性的签名方案，也满足基于属性的签名体制所要求的抗合谋攻击的安全性。

4.6.3　抵抗属性授权机构（AA）的攻击

方案为了阻止 AA 冒充签名者进行签名伪造，采用签名用户签名私钥由

AA 和用户共同产生，签名用户和 AA 分别随机选择一个数充当私钥，并分别随机选择两个不同的多项式函数将自己的私钥共享其中。本节设计的签名私钥方法代替了以往只由 AA 产生签名私钥的方法，可以有效防止属性授权机构冒充任意用户进行签名，避免整个系统处于安全隐患之中。如果属性授权机构想要冒充任何用户进行签名，其必须解决 DL 数学问题和 CDH 数学问题，如前文所述，这是不可能的，所以我们的方案能抵抗属性授权机构伪造攻击。

4.7 与其他方案的性能比较

与其他基于属性的签名方案[58][60][80]相比，我们提出的方案仍然具有前面设计的方案所具有的优点：一个是签名者只需公开能够进行签名的 t 个属性构成的部分属性集合 S，而不必将其整个属性集合 ω 全部公之于众，即只需满足 $S \subseteq \omega$，$|S| = t$。验证者只知道签名者满足声称的属性门限值 t 及签名的部分属性集合，并不能够确定签名者所拥有的全部属性特征，更获得不了签名者的身份，较好地保护了签名者隐私，同时由于不是对用户所有属性产生私钥，这也加快了私钥生成算法过程，从而提高了系统的效率；另一个特点是该算法的签名效率较高，签名过程只是群上的指数运算、加法运算和乘法运算，不需要任何的双线性对的运算。最后，验证算法的效率也有所提高，文献[58，60，80]中是对属性集合中的每个属性进行签名，验证算法进行所有属性相关的双线性对连乘运算，而本方案是在签名算法中进行连乘运算，在验证算法中大大减少了双线性对的运算次数，从而提高了系统的验证效率。

4.8 本章小结

本章主要研究了基于属性签名体制的密钥托管问题。在单个属性授权机构的基于属性签名体制中，需要单个的可信的属性授权机构（AA）为签名用户的每个属性产生对应的签名私钥，同时也需要属性授权机构必须是无条件地可信的，否则属性授权机构可以冒充任何用户进行签名，并且不会被发现，使整个系统处于安全隐患之中。本章设计的方案能够阻止 AA 冒充签名者进行签名伪造，采用签名用户签名私钥由 AA 和用户共同产生，签名用户和 AA 分别随机选择一个数充当私钥部分，并分别随机选择两个不同的多项式函数将自己的私钥共享其中，从而牵制属性授权机构想冒充用户进行签名。本方案产生的签名私钥方法代替了以往的只由 AA 产生签名私钥的方法，可以有效地防止属性授权机构冒充任何用户进行签名。

本章给出了无需可信属性授权机构签名方案的形式化定义和安全模型，并使用归约的研究方法证明了方案的安全性，证明方案在选择属性攻击模型下能够抵抗适应性选择明文的存在性伪造攻击和合谋攻击，得出方案的安全性归约为计算 Diffie‐Hellman 数学问题。本章提出的无需可信属性授权机构的签名方案提高了系统的安全性和实用性，是很有现实意义的。

第五章 基于属性的代理签名算法 设计与分析

本章主要研究代理签名在基于属性的签名体制中的扩展，重点解决基于属性的签名体制中签名权利委托问题，设计了两个基于属性的代理签名方案：第一个方案是尝试性地采用访问控制结构的基于属性代理签名方案，并分析了方案安全性；第二个方案是在全域参数环境下设计的代理签名方案，并系统地给出方案的安全模型及可证明安全过程。

5.1 引言

代理签名在解决权利委托问题上起到了重要作用，是在某个签名者（原始签名者）由于某种原因不能签名时，将其签名权利委托给他人（代理签名者）代替自己行使签名权的一种签名体制。在基于属性签名体制中同样也会存在签名权利委托问题，而基于属性的代理签名研究目前还处在研究初级阶段，文献[83]只是将设计的属性签名方案简单扩展到代理签名中，实现基于属性的代理签名尝试，但有很多问题存在，比如，方案满足不了代理签名的强不可否认性和强可识别性，基于属性的代理签名还需要更进一步深入研究。

本章主要研究基于属性的代理签名体制，解决基于属性的签名体制中签名权利委托问题，原始签名者将签名权委托给满足一定条件属性特征集合的代理签名人。由于基于属性的代理签名在移动代理、电子商务和电子投票等方面得到广泛的实际应用，因此，研究基于属性的代理签名体制有一定理论和现实研究意义。本章设计出两个基于属性的代理签名方案：第一个方案是尝试性地采用访问控制结构的基于属性的代理签名方案，并分析了方案的安全性；第二个方案是在全域参数环境下设计的代理签名方案，并第一次系统地给出方案的安全模型及可证明安全过程。

5.2 一个基于属性的代理签名算法

代理签名体制可以很好地解决签名权利的委托问题，本节设计一种新的实

用的基于属性代理签名方案，原始签名者将签名权委托给具有某组属性特征的
代理签名人，并分析其具有的可区分性、可验证性、强不可伪造性、强可识别
性、强不可否认性、抗滥用性及抗合谋攻击安全性。

5.2.1　基于属性代理签名的形式化定义

一个基于属性的代理签名方案跟普通代理签名方案相似，同样包括 7 个算
法：初始算法、密钥生成算法、代理算法、代理验证算法、代理密钥生成算
法、代理签名生成算法和代理签名验证算法，还包括三个参与方：原始签名者
A，代理签名者 B 和签名验证者 V。

（1）初始算法：输入一个安全参数，算法产生并且公布系统参数。

（2）密钥生成算法：输入一个安全参数，算法产生原始签名者 A 的公私
钥对。

（3）代理算法：输入 A 的私钥和授权信息 M_W（包含身份信息 ID_A、ID_B
及授权限制等），输出对代理签名者 B 的授权证书 $W_{A\to B}$。

（4）代理验证算法：输入 ID_A 和授权证书 $W_{A\to B}$，验证 $W_{A\to B}$ 是否为 A 对
B 的合法代理。

（5）代理密钥生成算法：输入访问结构 η，代理签名者 B 的属性集合及身
份 ID_B，从系统获得用于代理签名的私钥。

（6）代理签名生成算法：输入访问结构 η，代理私钥，消息 M，输出代理
签名。

（7）代理签名验证算法：输入 ID_A 和对 M 的代理签名，验证者 V 验证该
签名是否为 A 的有效代理签名，若正确则接受代理签名，否则拒绝（$\perp$）。

5.2.2　方案的构造

本节方案中代理算法的构造技巧受文献［135］启发，并通过研究文献
［51］中基于身份的代理签名，提出一个基于属性的代理签名方案，使原始签
名者能将签名权利委托给满足某组属性特征的代理签名人来行使签名权利。
即，如果代理签名人 B 满足原始签名者 A 公布的访问结构 η（设代理签名人 B
的属性集合是 ω，即 $\eta(\omega)=1$），那么代理签名人 B 能代替原始签名者 A 行使
签名权利。

（1）系统建立算法：令 G_1，G_2 是阶为素数的群，其中群 G_1 阶为 p，双线
性映射 $e: G_1 \times G_1 \to G_2$，生成元 $g \in G$，属性域 $U=\{1, 2, \cdots, n\}_{i\in U}$。随机选
择 $\{t_i\}_{i=1,2,\cdots,n} \in \mathbf{Z}_p$，$g_1$，$g_2 \in G_1$，$y_0$，$w \in \mathbf{Z}_p$，计算 $T_i=g^{t_i}$，$Y=g^{y_0}$，$W=$
g_1^w，选择公开的密码学 Hash 函数，$H_1: \{0, 1\}^* \to G$，$H_2: \{0, 1\}^* \to Z_p$，

系统的主私钥分别为：

$$MK=\langle y_0, w, t_i \rangle, \quad MP=\langle g, g_1, g_2, T_i, G_1, G_2, H_1, H_2 \rangle$$

（2）密钥生成算法：输入原始签名人身份 ID_A 给系统，计算 $h_A=H_1(ID_A)$，获得私钥为 $S_A=h_A{}^{y_0}$。

（3）代理算法：原始签名者 A 随机选择 $r_A \in \mathbf{Z}_p$，计算

$$A_1=g^{r_A}, \quad A_2=Y^{r_A} \cdot S_A{}^{H_2(M_W \cdot A_1)}$$

将授权证书 $W_{A \to B}:(A_1, A_2, M_W)$ 发给代理人 B。

（4）代理验证算法：代理人 B 验证原始签名人的授权证书 $W_{A \to B}$ 是否正确，即验证等式 $e(A_2, g)=e(A_1, Y)e(h_A, Y)$，如果等式成立，则接受代理，如果等式不成立，则输出 $\perp$。

（5）代理人密钥生成算法：输入访问树结构 η，代理人属性集合 γ，从系统获得用于代理签名私钥。文献 [57] 中将访问结构 η 看作属性树结构，系统根据属性树的结构 η，从根节点 o 开始，自顶向下随机构造选取多项式 q_x（q_x 保密）：令 $q_o(0)=w$，对于树中的每个节点 x，使节点 x 的多项式次数比阈值小 1，即 $t_x=k_x-1$，并且 $q_x(0)=q_{parent(x)}(index(x))$，递归地定义 q_x。对于每个叶子节点 x，系统计算属性树的私钥是 $S_B=g_1^{\frac{q_x(0)}{t_i}}$，$i \in att(x)$。

（6）代理签名生成算法：输入代理人 B 的身份 ID_B，计算 $h_B=H_1(ID_B)$，代理人 B 随机选择 $r_B \in \mathbf{Z}_p$，计算 $B_1=g^{r_B}$，$B_2=Y^{r_B} \cdot A_2$，$B_3=S_B \cdot (g_2^M \cdot h_B)^{r_B}$，$B_4=T_i{}^{r_B}$，输出代理签名为 $\sigma=\langle M, M_W, A_1, B_1, B_2, B_3, B_4, ID_B \rangle$。

（7）代理签名验证算法：输入 ID_A 和对 M 的代理签名 σ，V 验证该签名是否为 A 的有效代理签名，验证下列等式：

$$\frac{e(B_2, g)e(B_3, T_i)}{e(g_2^M \cdot h_B, B_4)}=e(B_1, Y)e(A_1, Y)e(h_A{}^{H_2(M_W \cdot A_1)}, Y)e(W, g)$$

如果等式成立，验证者 V 就接受代理人 B 的代理签名，否则输出 $\perp$。

5.2.3 正确性

定理 5.1 若原始签名者 A 和代理签名者 B 执行了以上签名方案，则用户最终所获得的签名一定是合法的代理签名。即：上述方案中的验证方程一定成立。

证明：验证方程需要说明的是 S_B 中的节点 x 分为叶子节点和非叶子节点两种情况。定义递归算法 $VerNode(S_B, T_i, x)$，输入代理签名 σ 和 MP，算法的输出是 G_1 的一个元素或者 $\perp$。下面先考虑 $i=att(x)$，x 是叶子节点，则

$$VerNode(S_B,\ T_i,\ x)=\begin{cases}e(S_B,\ T_i)=e(g_1^{\frac{q_x(0)}{t_i}},\ g^{t_i})=e(g_1,\ g)^{q_x(0)},\ i\in\gamma\\ \bot,\ i\notin\gamma\end{cases},$$

如果 x 是非叶子节点，z 是 x 的所有子节点，x 是 z 的父节点，调用递归算法 $VerNode(S_B,\ T_i,\ z)$，结果为 F_z，设 S_x 是子节点 z 的任意的大小为 k_x 的属性集合，且 $F_z\neq\bot$。如果没有这样的集合存在，即节点不满足，则算法返回 $\bot$，否则可以给出由子节点推导出父节点的公式为：

$$F_x=\prod_{z\in S_x}F_z^{\Delta_{i,s'}(0)},\ 其中\begin{array}{l}i=index(z)\\ S'_x=\{index(z)\colon z\in S_x\}\end{array}$$

$$=\prod_{z\in S_x}(e(g_1,\ g)^{q_z(0)})^{\Delta_{i,S'_x}(0)}$$

$$=\prod_{z\in S_x}e(g_1,\ g)^{q_{parent}(z)(index(z))^{\Delta_{i,S'_x}(0)}}$$

$$=\prod_{z\in S_x}e(g_1,\ g)^{q_x(i)\cdot\Delta_{i,S'_x}(0)}$$

$$=e(g_1,\ g)^{q_x(0)}$$

使用对于所有的叶子节点导出的 $VerNode(S_B,\ T_i,\ x)$ 的、保存在 F_z 的值，对于所有非 $\bot$ 的值，通过拉格朗日插值方法，递归求出根节点 o 的值，使 $q_o(0)=w$。

下面接着进行验证方程的正确性分析：

$$\frac{e(B_2,\ g)e(B_3,\ T_i)}{e(g_1^M\cdot h_B,\ B_4)}$$

$$=\frac{e(Y^{r_B}\cdot A_2,\ g)e(g_1^{\frac{q_x(0)}{t_i}}(g_2^M\cdot h_B)^{r_B},\ T_i)}{e(g_2^M\cdot h_B,\ T_i^{r_B})}$$

$$=e(Y^{r_B}\cdot A_2,\ g)e(g_1^{\frac{q_x(0)}{t_i}},\ T_i)$$

$$=e(g^{\cdot yr_B}\cdot g^{\cdot yr_A}\cdot S_A^{H_2(M_w,A_1)},\ g)e(g_1^{\frac{q_x(0)}{t_i}},\ g_1^{t_i})$$

$$=\frac{e(Y^{r_B},\ A_2,\ g)e(g_1^{\frac{q_x(0)}{t_i}},\ T_i)e((g_2^M\cdot h_B)^{r_B},\ T_i)}{e(g_2^M\cdot h_B,\ T_i^{r_B})}$$

$$=e(g^{\cdot yr_B},\ g)e(g^{\cdot yr_A},\ g)e(S_A^{H_2(M_w,A_1)},\ g)e(g_1^{q_x(0)},\ g_1)$$

$$=e(B_1,\ Y)e(A_1,\ Y)e(h_A^{yH_2(M_w,A_1)},\ g)e(g_1^w,\ g_1)$$

$$=e(B_1,\ Y)e(A_1,\ Y)e(h_A^{H_2(M_w,A_1)},\ Y)e(W,\ g)$$

等式成立表示本方案的正确性，说明代理签名者 B 的属性集合 ω 满足原

始签名者 A 声称的访问结构 η，验证者 V 接受代理签名人 B 对原始签名人 A 的代理签名。

5.2.4 安全性

定理 5.2 本书提出的基于属性的代理签名方案满足代理签名体制的 6 大安全性要求，即：可区分性、可验证性、强不可伪造性、强不可否认性、强识别性和防滥用性。

（1）可区分性

原始签名者公钥 h_A、代理签名者公钥 h_B 都会出现在代理签名的验证等式里，授权信息 M_w 也包含在代理验证和代理签名验证等式里面，因此，任何人都可以从授权信息里确定代理签名者的身份，这就保证了方案的可区分性。

（2）可验证性

由于验证等式中需要的参数都是公开的，任何验证者可以确信原始签名者对代理签名消息的认同。通常授权信息 M_w 包含原始签名者和代理签名者的身份信息，以及代理签名用途限制，因此可以确保可验证性。再者，由定理 5.1 可知，如果 B 是合法的定理签名人，一定有下式成立：

$$\frac{e(B_2,\ g)e(B_3,\ T_i)}{e(g_2^M \cdot h_B,\ B_4)} = e(B_1,\ Y)e(A_1,\ Y)e(h_A^{H_2(M_w \cdot A_1)},\ Y)e(W,\ g),$$

即合法代理人 B 的代理签名能被验证是有效的，从而保证方案的可验证性。

（3）强不可伪造性

本方案的代理算法是在文献［135］签名方案基础上得到的，文献［135］签名方案已经证明在 ROM 模型下对于适应性选择消息攻击是不可伪造的，第三方攻击者想伪造原始签名人的授权证书 $W_{A \to B}$ 是不可能的。第三方攻击者也不可能伪造有关属性集合 ω 的代理签名，如同文献［57］证明属性集合 ω 的私钥是 $S_B = g_1^{\frac{q_x(0)}{t_i}}$，$i \in att(x)$，如果第三方攻击者能以不可忽略的概率攻击成功，则存在一个模拟算法以不可忽略的概率解决 $DBDH$ 问题，出现矛盾。因此，该方案具有强不可伪造性。

（4）强不可否认性

代理算法包含授权信息 M_w，且需经过代理验证算法验证，同时代理签名者 B 不可能修改 M_w，这样，原始签名者 A 不能否认其对代理签名者 B 的授权。另外，代理签名者 B 的公钥 h_B 必须出现在代理签名验证等式中，因此，代理签名者 B 也不能否认其有效的代理签名，从而保证了方案的强不可否认性。

（5）强识别性

代理签名中包含授权信息 M_w，M_w 中包含代理签名者 B 的身份 h_B，任何人可以从中确定相应的代理签名者 B 的身份，从而保证了方案的强可识别性。

（6）防滥用性

由于有授权信息 M_w 限制代理签名权利，M_w 也出现在代理签名验证等式中，因此代理签名者 B 不能签署未经授权的信息，也不能把签名权力非法转给其他人，从而保证了方案的防滥用性。

定理 5.3　本方案如同其他基于属性的签名方案，也满足基于属性的签名体制所要求的抗合谋攻击安全性。

抗合谋攻击指的是，不同的签名者即使合谋也不能伪造出一个他们各自都不能满足的属性集合生成的签名。本方案中，系统为每个用户随机选择的多项式 q_x 是不同的，且保密，方案中属性的私钥 $S_B = g_1^{\frac{q_x(0)}{t_i}}$ 肯定是不同的。另外，不同的代理签名人 B 的 r_B 是随机选择，这样，不同用户合谋生成独自不满足的属性集合的私钥签名是不可能的，如果不同用户能以不可忽略的概率合谋成功，则存在一个模拟器能以不可忽略的概率解决 DL 问题和 $DBDH$ 问题，产生矛盾。因此，本书提出的方案具有抗合谋攻击的安全性。

本节提出的基于属性的代理签名方案，原始签名者将签名权利委托给具有一组属性特征的代理签名人，验证者可以检验签名是不是代理签名人的有效签名，并且代理签名者不能否认自己给出的签名。方案分析证明其满足代理签名方案的 6 大安全性要求及基于属性签名的抗合谋攻击，代理签名的算法效率较高，签名过程只涉及群上的指数运算、加法运算和乘法运算。目前大部分的代理签名方都缺乏严格的形式化可证明安全过程，对于基于属性的代理签名研究本身就很少，所以下一步工作将着眼于此部分证明工作，以及改进验证算法来提高验证算法的效率，并尝试将这种基于属性的代理签名方案应用到电子商务中。

5.3　可证明安全的基于属性的代理签名方案

目前，对于基于属性的代理签名研究本身就很少，而且提出的代理签名方都缺乏严格的形式化可证明安全过程，为了获得可证明安全的基于属性代理签名方案，本节通过进一步深入研究基于身份的代理签名体制，提出了一个可证明安全基于属性的代理签名方案，定义了基于属性代理签名的安全模型，并给出了完整的证明过程，证明该方案可安全归约为计算 Diffie - Hellman 问题。

5.3.1 基于属性的代理签名的形式化定义

一个基于属性的签名体制一般包括两个参与方，即产生签名私钥的属性授权机构（AA）和签名用户。而在基于属性的代理签名方案中的签名用户还包括原始签名人 A、代理签名人 B 和签名验证者 V。基于属性的代理签名方案和普通的代理签名方案相似，如同 5.2.1 节所描述的包括 7 个算法：系统建立算法、私钥生成算法、代理算法、代理验证算法、代理密钥生成算法、代理签名生成算法和代理签名验证算法：

（1）系统建立算法：由属性授权机构（AA）运行的概率性随机算法，输入参数 1^l，l 是系统的安全参数，属性授权机构给用户产生系统的公私钥对（MP，MK）。

（2）密钥生成算法：由属性授权机构（AA）运行的概率性随机算法，输入公私钥对（MP，MK）和用户的属性集合 ω，属性授权机构（AA）为用户产生私钥。这里用户指的是原始签名人 A 和代理签名人 B，即此算法可以对满足所描述的属性结构的任何用户（包括原始签名人 A 和代理签名人 B）产生私钥。

（3）代理算法：此算法在其他文献 [51，136 - 140] 里也称为标准签名算法，之所以称为标准签名算法，是针对后面所说的代理签名算法而言。此算法是由原始签名人 A 运行的一个概率性算法，输入系统公开参数 MP、授权信息 M_W（包含 ω_A、ω_B 及授权限制等信息），以及原始签名人 A 从属性授权机构获得的私钥 SK_A，输出对 B 的授权证书 $W_{A \to B}$，即签名 σ_W。

（4）代理验证算法：此算法也被称为标准签名验证算法，由代理签名人运行的一个确定性算法。输入系统公开参数 MP、授权信息 M_w、原始签名人的属性集合 ω_A 和授权证书 $W_{A \to B}$（即 σ_W），验证 $W_{A \to B}$ 是否为 A 对 B 的合法代理。输出 $b=1$，表示代理有效，B 接受；$b=0$，表示代理无效，B 拒绝。

（5）代理密钥生成算法：是由代理签名人运行的一个概率性算法。输入系统公开参数 MP、授权信息 M_w、原始签名人对代理签名人的授权证书 $W_{A \to B}$ 及代理签名人的属性集合 ω_B，输出用于代理签名的私钥 SK_P。

（6）代理签名生成算法：是由代理签名人运行的一个概率性算法。输入代理签名私钥 SK_P，一个需要代理签名的消息 M，原始签名人对代理签名人的

授权证书 $W_{A \to B}$，输出代理签名 σ。

（7）代理签名验证算法：由验证者运行的一个确定性算法。输入系统公开参数 MP、授权信息 M_W、原始签名人的属性集合 ω_A 和授权证书 $W_{A \to B}$、代理签名人的属性集合 ω_B、消息 M 及代理签名 σ，验证者 V 验证该代理签名是否为 A 的有效代理签名，若正确，则接受代理签名，否则拒绝（$\perp$）。

5.3.2 基于属性的代理签名的安全模型

本方案通过构造一个算法 F_1 模拟挑战者 C 与敌手 F_0 之间的游戏，定义在适应性选择消息和指定属性集合的攻击模型下，基于属性的代理签名方案抗存在性伪造（$EUF\text{-}sA\text{-}CMA$）的安全模型。指定属性集合的攻击模型类似基于身份的加密体制和签名体制中的指定身份攻击模型[141-143]，必须在算法的初始化阶段选择要攻击的属性集合。算法 F_1 模拟挑战者 C 与敌手 F_0 之间的游戏过程，主要有四个阶段：系统初始化阶段、系统建立阶段、询问阶段和伪造阶段。

（1）系统初始化阶段：敌手给出挑战属性集合为 ω^*。

（2）系统建立阶段：挑战者选择足够大的安全参数 1^l，并运行方案的系统建立算法得到系统的公开参数 MP 和主密钥 MK。挑战者发送 MP 给敌手，自己保存 SK。

（3）询问阶段：敌手可以适应性地通过挑战者对预言机提出一定数量的询问。由于本节方案是在随机模型（ROM）下设计的，因此需要进行随机预言机的询问。另外，敌手需要询问私钥预言机、代理预言机、代理私钥预言机和代理签名预言机。具体描述如下：

①随机预言机的询问：输入消息 M，挑战者输出一个随机值并发送给敌手。

②私钥预言机的询问：敌手可以通过挑战者询问用户的任何属性集合 γ 的私钥询问，但前提条件是 $|\gamma \cap \omega^*| < t$，$t$ 是事先设定的门限值，挑战者运行密钥生成算法得到 SK，并将 SK 发送给敌手。

③代理预言机的询问：敌手可以通过挑战者询问用户的任何属性集合 γ 关于授权信息 M_W 的签名询问，但前提条件是 $|\gamma \cap \omega^*| < t$，$t$ 是事先设定的门限值，挑战者运行代理算法得到标准签名 σ_W，并将 σ_W 发送给敌手。

④代理私钥预言机的询问：敌手可以通过挑战者询问代理签名人的任何属性集合 γ_B 的代理私钥询问，但前提条件也是 $|\gamma \cap \omega^*| < t$。挑战者运行私钥生成算法产生私钥 SK_A 和 SK_B 分别给原始签名人 A 和代理签名人 B。然

后挑战者再运行代理私钥生成算法，产生代理签名的私钥 K_P 并发送给敌手。

⑤代理签名预言机的询问：敌手可以通过挑战者询问代理签名人的任何属性集合 γ_B 关于消息 M 的代理签名，但前提条件也是 $|\gamma_B \cap \omega^*| < t$。首先挑战者运行私钥生成算法产生私钥 SK_A 和 SK_B，分别给原始签名人 A 和代理签名人 B。然后挑战者再运行代理私钥生成算法，产生代理签名的私钥 K_P，最后，挑战者运行方案的代理签名算法，生成代理签名 σ 并发送给敌手。

（4）伪造阶段：敌手输出关于消息 $(M_W^*，M^*)$ 在属性集合 ω^* 上伪造的代理签名 σ^*，如果其满足以下条件，则敌手获胜：

①σ^* 是有效的代理签名，即签名 σ^* 能通过方案在 $(M，\sigma^*)$ 的代理签名验证算法；

②对于 ω^*，敌手没有进行私钥询问；

③对于 $(M_W^*，\omega^*)$，敌手没有进行代理询问；

④对于 $(M_W^*，\omega^*)$，敌手没有进行代理私钥询问；

⑤对于 $(\omega^*，M_W^*，M^*)$，敌手没有进行代理签名询问。

敌手在上面游戏中获胜的概率定义为敌手的优势，即

$$Adv_{F_0} = \Pr[F_0\ succeeds]$$

定义 5.1 如果敌手运行时间至多为 c，询问随机预言机的次数最多是 q_H，询问私钥的次数最多为 q_K，标准签名询问（或代理询问）的次数最多为 q_S，询问代理私钥的次数最多为 q_{KP}，询问代理签名的次数最多为 q_{PS}，并且敌手优势至少为 ε，则敌手可以以 $(c，q_H，q_K，q_S，q_{KP}，q_{PS})$ 攻击此方案。如果不存在这样的敌手，则该方案 $(c，q_H，q_K，q_S，q_{KP}，q_{PS})- EUF - sA - CMA$ 是安全的。

5.3.3 方案的构造

基于属性的密码体制是从基于身份的密码体制发展而来的，本节通过大量研究基于身份的代理签名体制[77-81]中构造方法和可证明安全性分析，设计了一个可证明安全的基于属性代理签名方案，原始签名者 A 将签名权利委托给能够满足所声称的一组属性特征的代理签名人 B，让其代替原始签名者 A 行使签名权利。方案由下面 7 个算法构成：

（1）初始算法：初始化参数，由属性授权机构（AA）完成，首先取阶为素数 p 的群 G_1、G_2，线性映射 $e: G_1 \times G_1 \rightarrow G_2$，生成元 $g \in G_1$，其次定义两个哈希函数 $H_1: \{0，1\} \rightarrow G_1$，$H_2: \{0，1\} \rightarrow G_1$，然后设全域属性域 $N = \{1，$

2，$\cdots$，$n+1$}。随机且均匀选择 g_2，t_1，$\cdots$，$t_{n+1} \in G_1$，则可定义一个函数 $T(x) = g_2^{x^n} g^{h(x)} = g_2^{x^n} \prod_{i=1}^{n+1} t_i^{\Delta_{i,N}(x)}$。最后随机选择 $y_0 \leftarrow Z_p$，计算 $g_1 = g^{y_0}$。可以得到系统公钥参数和系统私钥，分别为：

$$MP = \langle G_1, G_2, e, p, g, g_1, g_2, t_1, \cdots, t_{n+1}, H_1, H_2 \rangle, \quad MK = y_0$$

（2）密钥生成算法：AA 随机选择一个 $t-1$ 次多项式 $q(x)$，且满足 $q(0) = y_0$。已知原始签名用户的属性集合为 ω_A，从集合 ω_A 中选择一个集合 S_A，满足条件 $S_A \subseteq \omega_A$，$|S_A| = t$。AA 对 S_A 中的每个属性随机选择整数 $r_{iA} \in \mathbf{Z}_p$，产生原始签名的私钥为：

$$SK_A = \langle g_2^{q(i_A)} T(i_A)^{r_{iA}}, g^{r_{iA}} \rangle_{i_A \in S_A}$$

（3）代理算法：也就是标准签名算法，输入系统公开参数 MP、授权信息 M_W（包含 ω_A、ω_B 及授权限制等信息），以及原始签名人 A 从属性授权机构获得的私钥 SK_A，原始签名者 A 随机选择 $r_{W_A} \in \mathbf{Z}_p$，输出对 B 的授权证书 $W_{A \to B}$，即签名 σ_w 为：

$$\sigma_w = \langle \sigma_{W1}, \sigma_{W2}, \sigma_{W3} \rangle = \langle g_2^{q(i_A)} T(i_A)^{r_{iA}} H_1(m_w)^{r_{W_A}}, g^{r_{iA}}, g^{r_{W_A}} \rangle$$

（4）代理验证算法：根据已知的系统公开参数 MP、授权信息 M_W、原始签名人的属性集合 ω_A 和授权证书 $W_{A \to B}$（即 σ_W），代理签名人计算 $Z = e(g_1, g_2)$，并验证下列等式是否成立：

$$\prod_{i \in S_A} \left(\frac{e(g, \sigma_{W1})}{e(T(i_A), \sigma_{W2}) \cdot e(H_1(M_w), \sigma_{W3})} \right)^{\Delta_{i_A, S_A}(0)} = Z$$

如果等式成立，代理签名人就接受代理算法；如果等式不成立，代理签名人拒绝原始签名的代理算法。

（5）代理密钥生成算法：根据已知的系统公开参数 MP、授权信息 M_W、原始签名人对代理签名人的授权证书 $W_{A \to B}$ 及代理签名人的属性集合 ω_B，代理签名人首先运行前面的私钥生成算法得到私钥 SK_B 为：

$$K_B = \langle g_2^{q(i_B)} T(i_B)^{r_{i_B}}, g^{r_{i_B}} \rangle_{i_B \in S_B}$$

其中，S_B 为从集合 ω_B 中任意选择的一个集合，且满足条件 $S_B \subseteq \omega_B$，$|S_B| = t$。同样，对于 S_B 中的每个属性随机选择整数 $r_{i_B} \in \mathbf{Z}_p$。

代理签名人从属性授权机构（AA）获得私钥之后，随机选择 $r_{W_B} \in \mathbf{Z}_p$，从而产生代理签名私钥：

$$SK_P = \langle g_2^{q(i_A)} T(i_A)^{r_{iA}} H_1(M_w)^{r_{W_A}} g_2^{q(i_B)} T(i_B)^{r_{i_B}} H_1(M_w)^{r_{W_B}}, g^{r_{iA}}, g^{r_{i_B}}, g^{r_{W_A} + r_{W_B}} \rangle$$

（6）代理签名生成算法：根据已知的代理签名私钥 SK_P，一个需要代理

签名的消息 M，原始签名人对代理签名人的授权证书 $W_{A \to B}$（即 σ_W），代理签名人随机选择整数 $r_M \in \mathbf{Z}_p$，并输出代理签名：

$$\sigma = \langle \sigma_1, \ \sigma_2, \ \sigma_3, \ \sigma_4, \ \sigma_5 \rangle$$
$$= \langle g_2^{q(i_A)} T(i_A)^{r_{iA}} H_1(M_W)^{r_{WA}} g_2^{q(i_B)} T(i_B)^{r_{iB}} H_1(M_W)^{r_{WB}} H_2(M)^{r_m},$$
$$g^{r_{iA}}, \ g^{r_{iB}}, \ g^{r_{WA}+r_{WB}}, \ g^{r_M} \rangle$$

（7）代理签名验证算法：根据已知的公开参数 MP、授权信息 M_w、原始签名人的属性集合 ω_A 和授权证书 $W_{A \to B}$（即 σ_W）、代理签名人的属性集合 ω_B、消息 M 及代理签名 σ，验证者 V 验证下列等式是否成立：

$$\prod_{i \in S} \left(\frac{e(g, \ \sigma_1)}{e(T(i_A), \ \sigma_2) \cdot e(T(i_B), \ \sigma_3) e(H_1(M_W), \ \sigma_4) e(H_2(M), \ \sigma_5)} \right)^{\Delta_{i,S}(0)} = Z^2,$$

上式中的 S 指的是前面定义的集合 S_A 和 S_B，在这里这样书写是为了更简单、方便地表达等式，具体细节请看后面的 5.3.4 节描述。

如果上面的等式成立，验证者接受代理签名人的代理签名；如果上面的等式不成立，验证者拒绝（$\perp$）。

5.3.4 方案的正确性

验证算法中等式成立的条件是签名者的签名属性集合 S 中已知足够多的 t 个点的坐标值 $(i, q(x))$，从而最终递归地恢复出 $q(0) = y_0$，由拉格朗日插值多项式的性质，有

$$q(0) = \sum_{i \in s} q(i) \Delta_{i,s}(0), \ \text{其中} \ \Delta_{i,s_k}(0) = \prod_{j \in s_k, j \neq i} \frac{j}{j-i} \ \circ$$

本方案正确性的推导过程包括两个部分：一部分是代理算法的正确性，另一部分是代理签名算法的正确性。具体推导过程如下：

由已知的授权信息 M_w 和授权证书 $W_{A \to B}$（即 $\sigma_W = \langle \sigma_{W1}, \ \sigma_{W2}, \ \sigma_{W3} \rangle$），我们能够得到：

$$\prod_{i_A \in S_A} \left(\frac{e(g, \ \sigma_{W1})}{e(T(i_A), \ \sigma_{W2}) \cdot e(H_1(M_W), \ \sigma_{W3})} \right)^{\Delta_{i_A, S_A}(0)}$$
$$= \prod_{i_A \in S_A} \left(\frac{e(g, \ (g_2^{q(i_A)} T(i_A)^{r_A} H_1(M_W)^{r_A}))}{e(T(i_A), \ g^{r_A}) \cdot e(H_1(M_W), \ g^{r_A})} \right)^{\Delta_{i_A, S_A}(0)}$$
$$= \prod_{i_A \in S_A} \left(\frac{e(g, \ g_2^{q(i_A)}) e(g, \ T(i_A)^{r_A}) e(g, \ H_1(M_W)^{r_A})}{e(T(i_A), \ g^{r_A}) \cdot e(H_1(M_W), g^{r_A})} \right)^{\Delta_{i_A, S_A}(0)}$$
$$= \prod_{i_A \in S_A} (e(g, \ g_2^{q(i_A)}))^{\Delta_{i_A, S_A}(0)}$$
$$= e(g, \ g_2)^{\sum_{i_A \in S_A} q(i_A) \Delta_{i_A, S_A}(0)}$$

$$=e(g，g_2)^{y_0}$$

$$=e(g_1，g_2)$$

$$=Z$$

由已知的一个消息 M 和代理签名 $\sigma=\langle \sigma_1，\sigma_2，\sigma_3，\sigma_4，\sigma_5 \rangle$，我们能够得到：

$$\prod_{i\in S}\left(\frac{e(g，\sigma_1)}{e(T(i_A)，\sigma_2)\cdot e(T(i_B)，\sigma_3)e(H_1(M_W)，\sigma_4)e(H_2(M)，\sigma_5)}\right)^{\Delta_{i,S}(0)}$$

$$=\prod_{i\in S}\left[\frac{e\left(g，g_2^{q(i_A)}T(i_A)^{r_{iA}}H_1(M_W)^{r_{WA}}g_2^{q(i_B)}T(i_B)^{r_{iB}}H_1(M_W)^{r_{WB}}H_2(M)^{r_M}\right)}{\begin{array}{c}e(T(i_A)，g^{r_{iA}})\cdot e(T(i_B)，g^{r_{iB}})\cdot\\ e(H_1(M_W)，g^{r_{W_A}+r_{W_B}})\cdot e(H_2(M)，g^{r_M})\end{array}}\right]^{\Delta_{i,S}(0)}$$

$$=\prod_{i\in S}\left[\frac{e(g，g_2^{q(i_A)})e(g，T(i_A)^{r_{iA}})e(g，H_1(M_W)^{r_{WA}+r_{WB}})e(g，g_2^{q(i_B)})e(g，T(i_B)^{r_{iB}})e(g，H_2(M)^{r_M})}{\begin{array}{c}e(T(i_A)，g^{r_{iA}})\cdot e(T(i_B)，g^{r_{iB}})\cdot\\ e(H_1(M_W)，g^{r_{W_A}+r_{W_B}})\cdot e(H_2(M)，g^{r_M})\end{array}}\right]^{\Delta_{i,S}(0)}$$

$$=\prod_{i\in S}\left(e(g，g_2^{q(i_A)})\cdot e(g，g_2^{q(i_B)})\right)^{\Delta_{i,S}(0)}$$

$$=e(g，g_2)^{\sum_{i_A\in S_A}q(i_A)\Delta_{i_A}\cdot s_A(0)}\cdot e(g，g_2)^{\sum_{i_B\in S_B}q(i_B)\Delta_{i_B}\cdot s_B(0)}$$

$$=e(g，g_2)^{y_0}\cdot e(g，g_2)^{y_0}$$

$$=Z^2$$

从上面的两个验证等式的成立，得到方案的正确性。

5.3.5　方案的安全性

5.3.5.1　存在性不可伪造

对于一个代理签名，如果一个代理签名人不满足原始签名人属性授权机构声明的属性访问结构，就无法伪造出一个有效的代理签名。在本书方案中，如果 F_0 以不可忽略的概率 ε 伪造一个代理签名，就说明我们能构造一个算法 F_1 以不可忽略的概率来利用 F_0 解决 CDH 数学问题，这是矛盾的，从而该基于属性的代理签名方案是存在性抗伪造的。

定理 5.4　如果计算 Diffie‐Hellman 问题（CDH）是困难的，则上述签名方案在自适应选择消息和指定属性集合攻击模型下是存在性不可伪造的。

证明：本方案的证明也是指定属性集合的安全模型。利用归约方法证明，假设敌手能以不可忽略的概率优势 ε 伪造一个签名，那么就意味着我们能构造一个算法 F_1 利用 F_0 与挑战者之间的游戏以不可忽略的概率 ε 来解决 CDH 数学问题。给定算法 F_1 一个群 G_1 及其生成元 g 和 CDH 数学问题的实例 (g, g^a, g^b)，为了能求出 g^{ab}，算法 F_1 模拟 F_0 的挑战者 C 的过程如下：

（1）系统初始化阶段：敌手输出挑战的属性集合是 ω^*。

（2）系统建立阶段：设 $A=g_1=g^a=g^{y_0}$，$g_2=g^\theta$ 和 $B=g_3=g^{2\theta}=g^b$，并计算 $z=(g_1, g_2)$。挑战者 C 运行系统建立算法，获得公钥和私钥参数，并将公钥参数 $A=g_1$，$B=g_3$，$z=(g_1, g_2)$ 发送给敌手，私钥参数自己保存。

如同文献 ［68］，属性授权机构 AA 随机选择 n 次多项式 $f(x)$ 和 $u(x)$，其中当且仅当 $x\in\omega^*$ 时，$u(x)=-x^n$。通过设 $t_i=g_2^{u(i)} g^{f(i)}$，$i=1, 2, \cdots, n+1$，我们可以得到 $T(i)=g_2^{i^n+u(i)} g^{f(i)}$，$i=1, 2, \cdots, n+1$。推倒过程如下：

$$T(x) = g_2^{x^n} \prod_{i=1}^{n+1} t_i^{\Delta_{i,N}(x)}$$
$$= g_2^{x^n} \prod_{i=1}^{n+1} (g_2^{u(i)} g^{f(i)})^{\Delta_{i,N}(x)}$$
$$= g_2^{x^n} g_2^{\sum_{i=1}^{n+1} u(i)\Delta_{i,N}(x)} g^{\sum_{i=1}^{n+1} f(i)\Delta_{i,N}(x)}$$
$$= g_2^{x^n+u(x)} g^{f(x)}$$

算法 F_1 给出了系统的公钥参数 $MP=\langle g, g_1, g_3, A, B, t_1, \cdots, t_{n+1}, H_1, H_2, z=(g_1, g_2)\rangle$，算法 F_1 并不知道系统的私钥 $MK=y_0$。

（3）询问阶段：由于本节方案是在随机模型（ROM）下设计的，并且方案分别定义两个哈希函数 H_1 和 H_2 对授权信息 M_w 和签名消息 M 进行消息摘要，所以在证明过程中也需要询问两个随机预言机。这样，敌手可以适应性地通过挑战者对以下 6 个预言机进行一定数量的询问：

①随机预言机 H_1 的询问：敌手可以最多询问 q_{H_1} 次随机预言机 H_1，挑战者保存随机预言机 H_1 的询问结果列表 L_1，随机选择整数 $\delta_1\in[1, q_{H_1}]$，m_i 是要询问随机预言机 H_1 的消息，挑战者检查列表 L_1，并执行下面操作：如果询问的消息 M_i 能在列表 L_1 中找到，挑战者则将消息对应的相同回答返回给敌手；否则，挑战者会进行两种选择：

若 $i\neq\delta_1$，挑战者随机选择 $\alpha_i, \beta_i\in\mathbf{Z}_p$，$H(M_i)=g_2^{\alpha_i} g^{\beta_i}$。

若 $i=\delta_1$，挑战者随机选择 $\beta_i\in\mathbf{Z}_p$，$H(M_i)=g^{\beta_i}$。

②私钥预言机 H_2 的询问：敌手可以最多询问 q_{H_2} 次随机预言机 H_2，挑战者保存随机预言机 H_2 的询问结果列表 L_2，挑战者对列表 L_2 的具体操作和对前面的 L_1 操作一样。

③私钥预言机的询问：设敌手对用户的任意属性集合 γ 进行私钥询问，前提条件是 $|\gamma \cap \omega^*| < t$。这里的属性集合 γ 包括原始签名人 A 的属性集合 γ_A 和代理签名人 B 的属性集合 γ_B。算法 F_1 设置 3 个集合 Γ、Γ'、S 分别满足下列条件：$\Gamma = \gamma \cap *$，$\Gamma \subseteq \Gamma' \subseteq \gamma$，$|\Gamma'| = t-1$，$S = \Gamma' \cup \{0\}$。

另外，挑战者随机定义一个 $t-1$ 次多项式 $q(x)$，满足条件 $q(0) = y_0$，$q(i) = \lambda_i$，可以使 λ_i 从 Z_p 中随机选取，可以得到签名用户的私钥：

当 $i \in \Gamma'$ 时，随机选择 λ_i，$r_i \in \mathbf{Z}_p$，签名用户的私钥为：

$$SK_{i_1} = g_3^{k_i \lambda_i} T(i)^{r_i}, \quad SK_{i_2} = g^{r_i}$$

当 $i \in \gamma \backslash \Gamma'$ 时，签名用户的私钥为：

$$SK_{i1} = (g_1^{\frac{-f(i)}{i^n + u(i)}} (g_2^{i^n + u(i)} g^{f(i)})^{r_i'})^{\Delta_{0,s}(i)} \prod_{j \in \Gamma'} g_2^{k_j \Delta_{j,s}(i)}, SK_{i2} = (g_2^{\frac{-1}{i^n + u(i)}} g^{r_i'})^{\Delta_{0,S}(i)}$$

下面我们需要看两个集合的私钥形式是否相同，由于当 $i \in \gamma \backslash \Gamma'$ 时，$i^n + u(i)$ 为非 0，那么设 $r_i = \left(r_i' - \frac{y_0}{i^n + u(i)} \right) \Delta_{0,s}(i)$，从文献 [58] 中同样的证明方法可以知道两个集合的私钥分布形式是相同的，这就说明算法 F_1 可以模拟出用户的私钥形式都为 $SK_i = \langle SK_{i1}, SK_{i2} \rangle$。

④代理预言机的询问：为了模拟原始签名人 A 的代理过程，敌手通过挑战者对原始签名人 A 的属性集合 γ_A 进行代理预言机的询问，前提条件是 $|\gamma_A \cap \omega^*| < t$。如果 $|\gamma_A \cap \omega^*| \geq t$，算法 F_1 退出；否则，算法 F_1 从集合 ω^* 随机选择 $t-1$ 个点构成集合 Ω_A，即 $\Omega_A \subset \omega^*$，$|\Omega_A| = t-1$。那么 Ω_A 中的每个属性通过挑战者询问，便可按照前面描述的代理算法，得到关于授权信息 M_W 的标准签名为：

$i_A \in \Omega_A$ 时，$\sigma_W = \langle \sigma_{W1}, \sigma_{W2}, \sigma_{W3} \rangle = \langle g_2^{q(i_A)} T(i_A)^{r_{iA}} H_1(M_W)^{r_{WA}}, g^{r_{iA}}, g^{r_{WA}} \rangle$，其中可以设 $q(i_A) = \lambda_{iA}$，且随机选择 λ_{iA}，r_{iA}，$r_{WA} \in \mathbf{Z}_p$。

由于需要一共 t 个属性的私钥进行的标准签名，才能通过代理签名人执行的验证标准签名的有效性，下面就需要计算这第 t 个属性产生的签名。已知 $q(0) = y_0$，由拉格朗日插值定理可以得到：

$$q(i_A) = \sum_{j_A=1}^{j_A=d-1} \lambda_{j_A} \Delta_{j_A,s}(i) + q(0)\Delta_{0,s}(i) = \sum_{j=1}^{j=d-1} \lambda_j \Delta_{j_A,s}(i_A) + a\Delta_{0,s}(i_A)$$

另外，由于 $i_A \in \omega^* - \Omega_A$，从前面定义的随机预言机的询问，可得 $H_1(M_W) = g_2^{\alpha_i} g^{\beta_i}$。那么，我们就可以得到挑战者计算的第 t 个属性产生的签名为：

$i_A \in \omega^* - \Omega_A$ 时，$\sigma_{W1} = \left(\prod_{j=1}^{d-1} g_2^{\lambda_{jA} \Delta_{jA,S}(i)} \right) g_2^{-\frac{\Delta_{0,S}(i_A)\beta_i}{\alpha_i}} H_1(M_W)^{r_{WA}'} T(i_A)^{r_{iA}}$，

$$\sigma_{W2}=g^{r_{iA}} \text{, } \sigma_{W3}=g_2^{-\frac{\Delta_{0,S}(i_A)}{\alpha_i}}g^{r_{WA}{}'}$$

与前面的分析方法相似，通过设 $r_{WA}=-\frac{\Delta_{0,S}(i_A)}{\alpha_i}\theta+r_{WA}{}'$，从而使 $i_A\in\Omega_A$ 和 $i_A\in\omega^*-\Omega_A$ 集合中的标准签名形式一样，这也同时说明算法 F_1 可以模拟出用户的标准签名 $\sigma_W=\langle\sigma_{W1}, \sigma_{W2}, \sigma_{W3}\rangle$。

⑤代理私钥预言机的询问：敌手 F_0 可以进行有关代理签名者 B 的任何属性集合 γ_B 的代理私钥询问，前提条件是 $|\gamma_B\bigcap\omega^*|<t$。与前面一样，$F_1$ 从集合 ω^* 随机选择 $t-1$ 个点构成集合 Ω_B，即 $\Omega_B\subset\omega^*$，$|\Omega_B|=t-1$。设 $q(i_B)=\lambda_{iB}$，且随机选择 λ_{i_B}，r_{i_B}，$r_{W_B}\in\mathbf{Z}_p$。那么 Ω_B 中的每个属性通过挑战者的询问，可按照前面描述的代理私钥算法，得到代理签名私钥为：

当 $i\in\Omega_B$ 时，

$$K_P=\langle K_P, K_P, K_P, K_P\rangle$$
$$=\langle g_2^{\lambda_{iA}+\lambda_{iB}}T(i_A)^{r_{iA}}T(i_B)^{r_{iB}}H_1(M_W)^{r_{WA}+r_{WB}}, g^{r_{iA}}, g^{r_{iB}}, g^{r_{WA}+r_{WB}}\rangle$$

而对于 $i\in\omega^*-\Omega_B$ 的属性对应的代理签名私钥，可以先通过从前面定义的随机预言机的询问得到 $H_1(M_W)=g_2^{\alpha_i}g^{\beta_i}$，再由拉格朗日插值定理，得到代理签名私钥为：

当 $i\in\omega^*-\Omega_B$（即 $i\notin\Omega_B$）时，

$$K_{P1}=(\prod_{j=1}^{d-1}g_2^{\lambda_{jA}\Delta_{jA,S}(i_A)})g_2^{-\frac{\Delta_{0,S}(i_A)\beta_i}{\alpha_i}}H_1(M_W)^{r_{WA}{}'}T(i_A)^{r_{iA}}$$
$$(\prod_{j=1}^{d-1}g_2^{\lambda_{jB}\Delta_{jB,S}(i_B)})g_2^{-\frac{\Delta_{0,S}(i_B)\beta_i}{\alpha_i}}H_1(M_W)^{r_{WB}{}'}T(i_B)^{r_{iB}}$$
$$=(\prod_{j=1}^{d-1}g_2^{\lambda_{jA}\Delta_{jA,S}(i_A)})(\prod_{j=1}^{d-1}g_2^{\lambda_{jB}\Delta_{jB,S}(i_B)})g_2^{-(\frac{\Delta_{0,S}(i_A)\beta_i}{\alpha_i}+\frac{\Delta_{0,S}(i_B)\beta_i}{\alpha_i})}$$
$$H_1(M_{WA})^{r_{WA}{}'+r_{WB}{}'}T(i_A)^{r_{iA}}T(i_B)^{r_{iB}}$$
$$=(\prod_{j=1}^{d-1}g_2^{\lambda_{jA}\Delta_{jA,S}(i_A)})(\prod_{j=1}^{d-1}g_2^{\lambda_{jB}\Delta_{jB,S}(i_B)})g_2^{-(\Delta_{0,S}(i_A)+\Delta_{0,S}(i_B))\frac{\beta_i}{\alpha_i}}$$
$$H_1(M_{WA})^{r_{WA}{}'+r_{WB}{}'}T(i_A)^{r_{iA}}T(i_B)^{r_{iB}},$$
$$K_{P2}=g^{r_{iA}} \text{, } K_{P3}=g^{r_{iB}} \text{, } K_{P4}=g_2^{-\frac{\Delta_{0,S}(i_A)+\Delta_{0,S}(i_B)}{\alpha_i}}g^{r_{WA}{}'+r_{WB}{}'}$$

设 $r_{WA}=-\frac{\Delta_{0,S}(i_A)}{\alpha_i}\theta+r_{WA}{}'$ 和 $r_{WB}=-\frac{\Delta_{0,S}(i_B)}{\alpha_i}\theta+r_{WB}{}'$，用文献 [68] 中同样的证明方法证明 $i\in\Omega_B$ 和 $i\in\omega^*-\Omega_B$ 集合中的属性对应的代理签名私钥形式一样，这也同时说明算法 F_1 可以模拟出用户的代理签名私钥。

⑥代理签名预言机的询问：敌手 F_0 通过挑战者对代理签名者的属性集合 γ_B 进行关于消息 M 的代理签名询问，前提条件是 $|\gamma_B\bigcap\omega^*|<t$。如果 $|\gamma_B\bigcap$

$\omega^*|\geqslant t$，算法 F_1 退出；否则，算法 F_1 从集合 ω^* 随机选择 $t-1$ 个点构成集合 Ω_B，即 $\Omega_B \subset \omega^*$，$|\Omega_B|=t-1$。那么 Ω_B 中的每个属性通过挑战者的询问按照算法描述的正常代理签名算法得到代理签名为：

当 $i \in \Omega_B$ 时，

$$\sigma = \langle \sigma_1,\ \sigma_2,\ \sigma_3,\ \sigma_4,\ \sigma_5 \rangle$$

$$= \langle g_2^{\lambda_{iA}} T(i_A)^{r_{iA}} H_1(M_W)^{r_{WA}} g_2^{\lambda_{iB}} T(i_B)^{r_{iB}} H_1(M_W)^{r_{WB}} H_2(M)^{r_m},\ g^{r_{iA}},$$

$$g^{r_{iB}},\ g^{r_{WA}+r_{WB}},\ g^{r_M} \rangle,$$

如果 $i \in \omega^* - \Omega_B$，首先通过从前面定义的随机预言机的询问得到哈希函数值 $H_1(M_W)=g_2^{\alpha_i} g^{\beta_i}$，再由拉格朗日插值定理得到代理签名为：

当 $i \in \omega^* - \Omega_B$（即 $i \notin \Omega_B$）时，

$$\sigma_1 = \left(\prod_{j=1}^{d-1} g_2^{\lambda_{jA} \Delta_{jA,S}(i_A)} \right) \left(\prod_{j=1}^{d-1} g_2^{\lambda_{jB} \Delta_{jB,S}(i_B)} \right) g_2^{-(\Delta_{0,S}(i_A)+\Delta_{0,S}(i_B))\frac{\beta_i}{\alpha_i}} T(i_d)^{r_{iA}} \cdot$$

$$T(i_{Bd})^{r_{iB}} H_1(M_W)^{r_{WA}'+r_{WB}'} H_2(M)^{r_m}$$

$$\sigma_2 = g^{r_{iA}},\ \sigma_3 = g^{r_{iB}},\ \sigma_4 = g_2^{-\frac{\Delta_{0,S}(i_A)+\Delta_{0,S}(i_B)}{\alpha_i}} g^{r_{WA}'+r_{WB}'},\ \sigma_5 = g^{r_M}$$

设 $r_{WA} = -\dfrac{\Delta_{0,S}(i_A)}{\alpha_i}\theta + r_{WA}'$ 和 $r_{WB} = -\dfrac{\Delta_{0,S}(i_B)}{\alpha_i}\theta + r_{WB}'$，用文献［68］中同样的证明方法证明 $i \in \Omega_B$ 和 $i \in \omega^* - \Omega_B$ 集合中的属性对应的代理签名形式一样，这也同时说明算法 F_1 可以模拟出用户的代理签名。

（4）签名伪造阶段：最后，敌手 F_0 输出关于 $(\omega^*,\ M_W^*,\ M^*)$ 的伪造的代理签名 $\sigma^* = \langle \sigma_1^*,\ \sigma_2^*,\ \sigma_3^*,\ \sigma_4^*,\ \sigma_5^* \rangle$。如果敌手满足 $|\omega_B \bigcap \omega^*|\geqslant t$ 或者 $H_2(M^*)\neq g^{\beta_\delta}$，算法 F_1 就退出，否则将满足下面的验证等式：

$$\prod_{i \in S} \left(\frac{e(g,\ \sigma_1^*)}{e(T(i_A),\ \sigma_2^*) \cdot e(T(i_B),\ \sigma_3^*) e(H_1(M_W),\ \sigma_4^*) e(H_2(M),\ \sigma_5^*)} \right)^{\Delta_{i,S}(0)} = Z^2$$

由前面可知 $T(i)=g_3^{i^n+u(i)} g^{f(i)}$，因为 $g_3 \in G_1$，则可将 $T(i)$ 简化为：$T(i)=g^{\theta(i)}$。另外，由 $H(M_i)=g^{\beta_i}$，可以知道 $H_1(M_W)=g^{\beta_i}$，$H_2(M^*)=g^{\beta_\delta}$，那么，上面的验证等式可以化简为：

$$\prod_{i \in S} \left(\frac{e(g,\ \sigma_1^*)}{e(g^{\theta(i_A)},\ \sigma_2^*) \cdot e(g^{\theta(i_B)},\ \sigma_3^*) e(g^{\beta_i},\ \sigma_4^*) e(g^{\beta_\delta},\ \sigma_5^*)} \right)^{\Delta_{i,S}(0)}$$

$$= e^2(g^a,\ g^\theta)$$

$$= e(g^a,\ g^{2\theta})$$

$$= e(g^a,\ g^b)$$

$$= e(g,\ g^{ab})$$

从上面的式子可以看出算法 F_1 能够计算出 g^{ab} 的值，即 g^{ab} 值为：

$$g^{ab} = \prod_{i \in S} \left(\frac{\sigma_1^*}{\sigma_2^{*\theta(i_A)} \cdot \sigma_3^{*\theta(i_B)} \cdot \sigma_4^{*\beta_i} \cdot \sigma_5^{*\beta_\delta}} \right)^{\Delta_{i,S}(0)}$$

这就意味着已知一个数学问题实例（g，g^a，g^b），我们能通过各种手段最终计算出 g^{ab} 的值。这同时也说明，我们能构造一个算法 F_1 来解决密码学中的 CDH 数学困难问题，但这是不可能的，因为在第二章中，我们已经论述了 CDH 数学困难问题是不可求解的，这就是产生了矛盾！从而，我们设计的方案是存在不可伪造安全的。

5.3.5.2 代理签名体制的基本安全性要求

本书提出的基于属性的代理签名方案除了满足前面证明的存在性不可伪造安全性之外，还要满足代理签名体制的其他基本安全性要求，这些安全要求主要有：①可区分性；②可验证性；③强不可否认性；④强识别性；⑤防滥用性。具体的证明过程与前面的 5.1 小节描述的内容相似，这里不再赘述。

定理 5.5 本书提出的基于属性的代理签名方案满足代理签名体制的基本安全性要求，即：可区分性、可验证性、强不可否认性、强识别性和防滥用性。

5.3.5.3 抗合谋攻击

本方案采用了与文献［58］相同的方法，通过对不同的签名用户随机选择的多项式也不同，以此来抵抗多个用户的合谋攻击，证明方法如同其他基于属性的签名方案，这里不再赘述。

定理 5.6 本方案如同其他基于属性的签名方案，也满足基于属性的签名体制所要求的抗合谋攻击的安全性。

5.4 本章小结

本章主要研究了基于属性的代理签名体制，代理签名体制可以很好地解决签名权利委托问题，在基于属性的签名体制中，原始签名者将签名权利委托给具有一组属性特征的代理签名人，验证者可以检验签名是代理签名人的有效签名，并且代理签名者不能否认自己给出的签名。本章首先尝试基于访问控制结构提出了一种新的实用的方案，并分析其具有可区分性、可验证性、强不可伪造性、强可识别性、强不可否认性、抗滥用性及抗合谋攻击的安全性。进一步研究基于属性的代理签名体制，在全域参数环境下设计了一个代理签名方案，给出方案的形式化定义及安全模型，并系统地给出方案的可证明安全过程。使用归约的研究方法证明了方案的安全性，证明方案在选择属性攻击模型下能够抵抗适应性选择明文的存在性伪造攻击和抗合谋攻击，推导出方案的安全性可归约为计算 Diffie－Hellman 数学问题。本章提出的基于属性的代理签名的算法效率较高，签名过程只涉及群上的指数运算、加法运算和乘法运算，下一步工作将着眼于改进验证算法来提高验证的效率，并在电子商务中尝试这种基于属性的代理签名方案，希望可以得到初步的应用。

第六章 农业数据安全交换的研究与应用

随着我国农业生产信息化的发展，在农业生产经营管理过程中，产生了大量品类复杂、结构多样的涉农数据，跨平台系统之间的信息数据交互呈现高频化、复杂化、多样化等特点。数据在交换过程中面临着拦截、假冒、篡改、拒绝等安全威胁，为了保障数据可以安全、可靠、高效地交换，一个完善的、可扩展的、高性能的安全交换系统是不可或缺的。本章以河南省农村综合信息服务平台——中原农村信息港与其他站点的数据交换为研究对象，采用密码学算法，将数据加解密系统架构流程化、具体化，提出了一套完整的数据交换系统架构，运用 RSA 加密算法，实现了轻量级 JSON 格式的农业数据安全交换系统。

6.1 引言

当今，随着互联网产业的深入发展，信息安全问题已成为各个行业发展时都需要考虑的首要问题。在生活场景应用中，例如在线支付和社交活动，使得人们在餐饮、购物、住房、交通等各个方面时刻通过互联网产生大量数据。在不同的领域和行业中，相互交织的业务场景还将涉及多方面的数据聚合，这些大量的异构数据除了涉及每个人的隐私外，还具有巨大的商业价值，很多互联网公司通过大量的数据对未来事件的发生概率进行预测，这些数据涉及农业数据、医疗数据等生活中各方面的数据，在最大程度上发挥了数据的商业价值以及社会价值，为社会的进步以及我们生活提供了很大的帮助。

国际标准化组织将数据安全性定义为：安全性是为了最大程度地减少攻击资源和数据的可能性。2007 年国务院印发了《信息安全等级保护管理办法》，是我国首次关于信息安全等级保护的规范性文件，并且提出了内网安全的建设与实施是安全保护的关键环节[144]。但是同样在互联网传输和存储大量信息的过程中，经常会发生网络服务攻击、网络病毒传输、数据和信息被盗以及其他恶意网络攻击。一旦信息被不法分子窃取，也将对行业的发展和国家经济发展造成巨大损失[145]。因此，数据的安全传输引起了国家的关注，并已成为研究热点。

　　本书以河南省农村综合信息服务平台——中原农村信息港与其他站点的数据交换为研究对象，将数据分为公开数据、普通数据、涉密数据三种类型，采集公开数据和普通数据，对农业数据中涉密数据进行基于 RSA 加密算法加解密的安全传输。设计系统的数据采集与分析模块，提取出对农业生产发展的有效信息，实现对农业数据的采集、存储和处理，加以运用到数据安全传输系统中。最后，选择 JSON 数据交换格式作为数据安全传输系统中的数据交换格式，运用加密算法，采用 Java 语言开发基于 JSON 的农业数据安全传输系统。

6.2　关键技术

6.2.1　网络爬虫

　　网络爬虫[146]也被称为网络蜘蛛，它能够像一台机器一样，通过设定好的一系列规则，自动抓取网页内容。网络爬虫常用于自动采集目标数据信息，而且可以对爬取目标站点的连接有效性进行验证，以避免产生错误数据。经常被应用于搜索引擎中对所需要的站点进行爬取收录，以及行业内在进行数据分析与挖掘时对数据进行大量采集等。网络爬虫在工作时犹如蜘蛛一般在 HTML 文档链接网上爬行，由某一个节点起始，根据网页分析规则算法，对网页内容进行筛选，过滤出有效链接并堆到抓取队列，再通过搜索策略获取下一步的目标 URL，如此重复，直至达到程序要求。

6.2.2　RSA 非对称加密算法

　　密码技术是信息安全技术的基础，密码体制分为对称密钥密码技术和非对称密钥密码技术。对称密码技术又称为传统密码技术，加密密钥和解密密钥是同一密钥的密码算法，该密码算法具有计算量小，加密速度快等优点。但由于加密和解密都使用同一密钥，一方面存在单方面密钥泄漏问题，另一方面是当密钥在网络环境中传输时，则存在密钥被攻击者截获的隐患，造成涉密信息泄露。因此，该密码算法的安全性很大程度上取决于密钥的安全性。常见的对称密码有 DES、3DES、AES 等。

　　非对称密钥密码技术又称为公钥密码技术[147-148]，加密密钥和解密密码是两个不同的密码，加密密钥被称为公钥，解密密码被称为私钥，公钥对外公开，私钥则秘密保存。由于产生这一对密码的数学难题，由公钥加密的信息只有私钥才能解密，且公钥和私钥是成对出现的，每一个公钥精确地对应着一个私钥。非对称加密时，只需传递公钥，公钥只能对数据进行加密而不能解密，因此，即使攻击者获取了公钥也无法对数据进行解密，这就保证了数据传输的安全性。非对称密码技术的出现正是用于解决对称密码中单方面密码泄漏和密钥分发问题，但其缺点是计算量大，加密和解密速度慢。因此，通常不使用非对称加密的方式加密大量数据。目前常见的非对称加密算法有 RSA、DSA 等。

1978 年由 Ron Rivest 和 Adi Shamir 以及 Leonard Adleman 提出来的 RSA 密码体制到现在一直被认为是一种安全性能很高的密码体制。非对称加密算法 RSA 具体描述如下：

（1）选定两个任意的大素数 p 和 q，且 p 和 q 保密。

（2）计算，公开 $n=pq$，$\emptyset(n)=(p-1)(q-1)$，n 公开，$\emptyset(n)$ 保密。

（3）任意选取正整数 $1<e<\emptyset(n)$，满足 $gcd(e，\emptyset(n))=1$，e 是公开的加密密钥。

（4）计算 d，满足 $de=1(mod，\emptyset(n))$，d 是保密的解密密钥。

（5）加密交换：对明文 $m\in Z_n$，密文为 $c=m^e mod n$ ♯（1）

（6）解密变换：对密文 $c\in Z_n$，明文为 $m=c^d mod n$ ♯（2）

RSA 加密算法其加密原理是依据数学中的两素数相乘非常简单但是对其乘积进行因式分解却无比复杂。e、n 是公开的密钥。将 $\emptyset(n)$ 作为密钥严加保密。如果 $\emptyset(n)$ 被他人知道，则 RSA 非对称加密算法的安全性将受到威胁。此外，RSA 加密算法的安全性和 p、q 的长度紧密相关，长度越长安全性越高。所以，在使用 RSA 加密算法时 p、q 的长度不可低于 512bit。

6.2.3 数据交换格式

在客户端与服务器之间进行数据交换前，必须将所要传递的数据封装成一个统一的消息对象，这样做的目的是规范数据格式，目前行业主流的数据交换格式常用的有 Xml、JSON 等。

Xml[149]（Xtensible Markup Language，可扩展置标语言），是一种置标语言，采用的是一种计算机文字编码，将与文本相关的信息（如文本的结构和表示信息等）与原本的文本结合在一起，使用标记（markup）进行标识。Xml 通常被人们用于标记电子文件、数据，定义数据结构，将文件用标记内容来代替表述，并且人们可以通过这些标记内容还原成原始文件。Xml 不是显示数据的工具，而是交换数据的工具，它将数据以某种格式在各种计算机应用之间传输。Xml 的巨大优势在于用户可以自由地为特定的应用定义自身识别的标签，例如为内部数据交换定义一套自我识别的标签，为外部数据交换定义一套相关方都能识别的标签[150]。Xml 数据交换格式能够为不同的网络环境的数据交换提供支持。Xml 有语法格式严谨、验证机制良好、自描述性强、跨平台性等优点，但是也有更新困难、通信困难、效率低等缺点，Xml 用于处理结构化数据信息十分高效，但它会带来辅助空间占用过高的问题。所以，用户如果传输的数据量不是很大的时候可以选择 Xml 的数据格式进行传输，但是，当数据量巨大的时候，由于 Xml 具有大量的标识导致数据交换效率低，应当考虑其他的数据格式进行传输。

JSON（JavaScript Object Notation，JavaScript 对象标记）是一种轻量级的数据交换格式[151]，是一种基于文本的、易于人类阅读和编写、计算机生成和解析的轻量级数据交换格式。JSON 是 JavaScript 原生格式，意味着 JavaScript 不需要任何特殊的 API 或工具包就可以解析 JSON 格式的数据，所以 JSON 特别适用于有 JavaScript 应用的各种应用场合；此外比较常见的程序设计编写语言比如 Java、C/C++、PHP、Python 等都提供了对 JSON 数据格式的生成器和解析器[152]。目前，JSON 格式成了各大网站、客户端与服务器之间的数据交换的首选。首先因为它采用独立的语言文本格式，且 JSON 格式相较于其他格式，具有书写较为简单、易于读写等优点；尤其是与 Xml 格式相比，JSON 格式解析更加简洁、简单，并不必须用复杂的标记，只需一些中括号、大括号来代替即可。所以，在数据量比较大的数据交换中，解析简洁的 JSON 格式相对于解析 Xml 并不需要解析冗杂的标识，这样，解析 JSON 格式数据的时间明显少于解析 Xml 格式的时间[153]。

因此，针对 Xml 和 JSON 数据交换格式的优缺点，本书以河南省农村综合信息服务平台——中原农村信息港与其他站点的数据交换为研究对象，选择轻量级 JSON 数据交换格式作为数据安全传输系统中的数据交换格式，可以有效提高数据交换的速率。

6.3　基于 JSON 的农业数据安全交换平台设计

本书首先进行农业数据的采集、解析、存储；其次对数据进行敏感级别的分类，将数据分为公开数据、普通数据、涉密数据三种类型；然后对常用的数据交换格式进行分析，选择轻量级 JSON 格式作为数据安全传输系统中的数据交换格式；针对农业数据中涉密数据，采用 RSA 加密算法加解密的安全传输；最后，设计基于 JSON 的农业数据安全交换平台架构，运用 Java 语言开发数据安全传输系统，具体架构如图 6 - 1 所示。

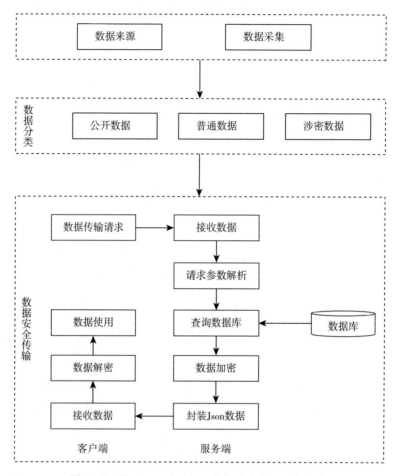

图 6-1 基于 JSON 的农业数据安全交换平台架构

6.3.1 数据采集

数据采集的方式基于 Java 爬虫技术，数据采集设计整体框架图如图 6-2 所示，构建爬虫模型的大致框架如图 6-3 所示。

在构建爬虫模型时，要注意数据的参数及数据的单页及分页。国家统计局网站与普通网站的不同之处在于，在编写爬取其他网站的爬虫时，获取数据的依据是数据前面的标识符，并依据此标识符来查找获取，但是国家统计局网站具有构造的特殊性，因此本书采用获取数据请求参数，并依此对数据进行请求获取的方式。获取到数据之后将其按照行列顺序依次存入 MySQL 数据库当中，完成数据采集工作。

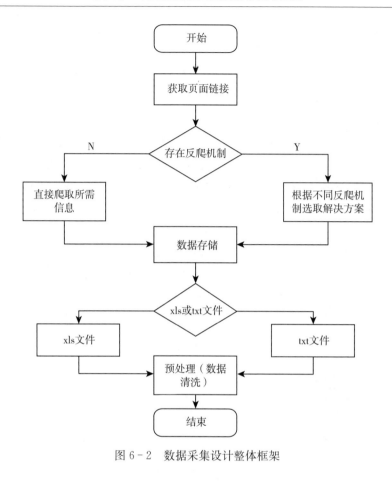

图 6-2　数据采集设计整体框架

图 6-3　构建爬虫模型

常见的反爬机制解决方案有：

（1）小数据量进行爬取（模拟登录后再去爬取，或者使用 cookies 直接进行爬取）；

（2）使用 IP 代理的方式来对网站进行爬取；

（3）修改程序的访问频率。

本书主要介绍第 3 种解决方案，以进行数据的安全获取，首先修改程序访问频率。使用调用 time 包中的 sleep 方法让程序每次获取数据后休息两秒，可以有效避免因为高频率访问站点导致的被封隐患。保证数据采集过程中数据获取的稳定性和可靠性。

本书在获取数据时采用的是根据请求参数来获取数据的方式。以农林牧渔总产值及指数为例，在请求页面按 F12 查看数据来源 URL，然后将其复制，于 Java 代码中使用 requests 请求数据。响应报文返回的是 JSON 格式。获取响应报文之后，需要对 JSON 字符进行解析，获取实验中所需要的数据。

获取到数据之后，通常先进行数据清洗等操作去除异常值，由于在这次数据采集中，获取数据时已经按所需数据要求进行采集获取，因此不必进行数据清洗即可存储使用。提取出需要的数据后整理保存到 MySQL 数据库中，如图 6-4 所示。

id	cname	code	date	status	str_data	unit
2982	农业总产值指数(上年=100)	A0D0507	2013	1	97.5	%
2983	农业总产值指数(上年=100)	A0D0507	2012	1	94.9	%
2984	农业总产值指数(上年=100)	A0D0507	2011	1	103.5	%
2985	农业总产值指数(上年=100)	A0D0507	2010	1	95.0	%
2986	林业总产值指数(上年=100)	A0D0508	2019	1		%
2880	农林牧渔业总产值	A0D0501	2013	1	421.78	亿元
2881	农林牧渔业总产值	A0D0501	2012	1	395.71	亿元
2882	农林牧渔业总产值	A0D0501	2011	1	363.14	亿元
2883	农林牧渔业总产值	A0D0501	2010	1	328.02	亿元
2884	农业总产值	A0D0502	2019	1	102.33	亿元
2885	农业总产值	A0D0502	2018	1	114.75	亿元
2886	农业总产值	A0D0502	2017	1	129.83	亿元
2887	农业总产值	A0D0502	2016	1	145.20	亿元
2888	农业总产值	A0D0502	2015	1	154.48	亿元
2889	农业总产值	A0D0502	2014	1	155.10	亿元
2890	农业总产值	A0D0502	2013	1	170.41	亿元
2891	农业总产值	A0D0502	2012	1	166.29	亿元
2892	农业总产值	A0D0502	2011	1	163.37	亿元
2893	农业总产值	A0D0502	2010	1	154.22	亿元
2894	林业总产值	A0D0503	2019	1	115.63	亿元
2895	林业总产值	A0D0503	2018	1	95.13	亿元
2896	林业总产值	A0D0503	2017	1	58.82	亿元
2897	林业总产值	A0D0503	2016	1	52.21	亿元
2898	林业总产值	A0D0503	2015	1	57.33	亿元
2899	林业总产值	A0D0503	2014	1	90.69	亿元
2900	林业总产值	A0D0503	2013	1	75.89	亿元

图 6-4 文件存储格式

根据研究大型农业数据收集的相关要素和后期数据安全传输系统的需要，利用 Java 爬虫技术，爬取本书所需公开数据和普通数据，保存到 MySQL 数据库中。

6.4 数据分类

为保证加密算法运行的安全性和有效性，在开始加密处理之前会进行数据的分类处理[154]。

国家市场监督管理局、国家标准委员会 2020 年发布的《信息技术 大数

据 数据分类指南》[155]中的安全隐私保护维度中指出：按数据安全隐私保护维度分类是根据数据内容敏感程度对数据进行分类。包括以下要素；

（1）数据的敏感性，即数据本身或其衍生数据是否涉及国家秘密、企业秘密或个人隐私；

（2）数据的保密性，即数据可被知悉的范围；

（3）数据的重要性，即数据未经授权披露、丢失、滥用、篡改或销毁后对国家安全、企业利益或公民权益的危害程度。

本书依据以上研究内容，对农业数据进行了数据分类，根据数据敏感程度将数据分为三类，分别为公开数据、普通数据、涉密数据，用户自定义规则自动识别数据的敏感程度。公开数据指可完全开放的数据。普通数据主要涉及他人组织权益的，但被他人允许公开的轻微敏感数据，如农业污染、作物病虫害、气象灾害、水资源信息等。涉密数据主要是指农业生产过程中原则上不允许公开的数据，如种植用户信息（姓名、身份证、银行卡）等，以上这些信息公开可能会引起农业生产者的不安和利益损失，不利于农业生产发展，所以在涉及这些信息时应进行相应处理，对敏感数据需要进行加密，然后进行数据交换格式的封装。

本书的公开数据和普通数据来源于国家统计局，国家统计局是中华人民共和国国务院的直属机构，主要功能是管理全国统计工作和国民经济核算工作，所以该网上的数据是准确的、可靠的、可以借鉴使用的。涉密数据因为牵扯到数据的敏感程度，所以本书采取的是测试数据。数据分类如表 6-1 所示。

表 6-1 数据分类表

公开数据	普通数据	涉密数据
粮种信息	农业污染	身份证
育苗信息	气象灾害	银行卡
播种信息	天气预测	通信住址
农药信息	水资源	出生年月
化肥信息	土地资源	手机号码
灌溉信息	生物资源	邮箱
农机信息	灾害数据	价格行情
农情信息	市场供求信息	生产资料市场信息
产量信息	货物流通信息	价格及利润

6.5 安全传输系统的具体设计

6.5.1 生成密钥

生成公钥和私钥的方式有很多种，如 Open SSL、Java 语言自带的密钥生成工具。Open SSL 是一个具有开源代码的安全套接字层密码库软件包，它实现 ASN.1 的证书及密钥相关标准，OpenSSL 在标准中提供了私钥的加密和保护，使得私钥可以安全地存储和分发。它的开发语言为 C 语言，这使它可以在各种平台上使用，如 Linux、windows、Mac 等。同时，它提供了非常强大的功能，主要包括：密码算法库、应用程序以及 SSL 协议库。对于公钥加密，它提供 DH 算法、RSA 算法、DSA 算法和椭圆曲线加密算法。也可以使用 Java 语言自带的密钥生成工具生成，在 jdk1.4 以后的版本中工具路径为%JAVA_HOME%\bin\keytool.exe。在实际的开发环境中我们更多的是使用 JDK 提供的算法工具自己来生成，这样也便于开发调试，生成方式流程如表 6-2 所示。

表 6-2　生成密钥过程

流程：密钥生成过程
输入：明文
输出：公钥加密后的密文
过程：
(1) 初始化 RSA 算法生成对象 Key Pair Generator
(2) 初始化密钥对生成器，指定密钥长度 1024
(3) 根据公式生成公钥和私钥对
(4) 返回密钥对

开发测试时，使用的密钥长度为 1024，由于 1024 以下的密钥长度不够安全，已经不再建议使用。事实上，对外提供服务的互联网环境下，最好使用 3072、4096，甚至更大位数的密钥长度，以保证数据的安全，同时更大的位数会让加密解密的时间变长，因此需要根据实际情况选择具体使用多少位。本书通过编写代码获取公钥和私钥字符串，服务端拥有公钥，客户端持有私钥，然后可以进行数据交换过程中的加密解密操作。

6.5.2 数据加密过程

为保证数据的安全性，在对外提供的接口通信时使用 RSA 的加密方式，即服务端返回的数据使用公钥加密，只有那些拥有私钥的客户端才能解密出正确的数据来，具体实现流程如表 6-3 所示。

表 6-3　数据加密过程

请求：加密算法步骤
输入：明文数据
输出：密文数据
过程：
（1）初始化算法对象 Cipher
（2）初始化通用变量
（3）while 剩余明文字节数>0
（4）cipher. Do Final（明文）
（5）end
（6）返回密文

RSA 加密方式的具体实现过程为：首先生成两把密钥，其中客户端持有私钥，客户端对服务端发起请求，服务端获取客户端的公钥，然后用它对信息进行加密处理，客户端收到信息后使用私钥解密为明文。

6.5.3　数据分组加解密

根据 RFC 3447 文档，在实际传输过程中，消息的长度>（密钥的字节长度-11），就需要将明文进行分组加密。以 1 024 长度的公钥进行举例，由于每次可以进行加密的消息为 117 字节，因此，把消息体按照每个包 117 字节大小进行拆分，然后逐个包进行加密，再把密文合成一个整体作为最终的密文在平台之间进行交换。

这样就可以对任意大小的消息进行加密处理，而不再受限于消息的长度<（密钥的字节长度-11）的限制。加密结果如下：

{"birthday":"2019-12-28","address":"河南省郑州市河南农业大学信管通信室",

"data":"R29lsIb0f5sap35/rOXhaW1KtU99ttLPuYkUi3qWgODC3wduF5p-ccXfIuKre/kzw+7vwx4Y8brwUh070jWBTdfjcnDJaWJbX9anPfStbuvnewQyn-kJocm1kkehbeJuz1IjrE61BFfeFHoBYH2I7L + 4/nZ6XKOXCmIsy6ldpDfFY =","nick, Name":"mahengzhao","id": 1616980236519,"email": mahengzhao@163.com,"status":"1"}.

客户端在收到密文以后，要进行解密的操作才能得到明文消息。解密使用公式如下：

$$c^d = m(mod\ n)\ \sharp(3)$$

也就是 c 的 d 次方除 n 的余数为 m。但由于进行加密时，是分组进行加密的，即每个密钥长度的字节数即为一个密文，所以解密时也要一部分一部分的去解密，然后将结果合起来，就能得到最终的明文。

解密的过程与加密过程需保持一致性，分段加密的密文恢复成明文需要分段解密，由于 RSA 加密以后的数据长度和明文长度一致，因此解密时每 128 字节做一次解密，最后将结果合并起来，即可得到明文。

6.6　系统的实现与应用

将数据交换平台正常运行后，使用 Postman 进行请求测试，返回结果如图 6-5 所示：

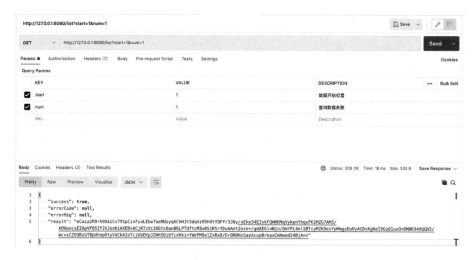

图 6-5　返回结果

测试中，可以正常接收到数据返回的 JSON 格式，同时显示出服务端返回的数据已做了加密处理，并不能直接看到明文。本书对数据安全传输整个流程进行模拟请求处理，客户端根据自身需求拼接请求地址，服务端则根据要求查询数据库以获取数据，将数据进行加密处理后拼接成标准的返回格式，返回给客户端。由于第三方并不知道通信过程中的具体加密协议，也不知道采用何种加密算法和该算法所使用的密钥，因此想要破解出原文相当困难。

数据安全传输系统以 Eclipse3.6，jdk8.0 为开发技术，系统具体界面如

图 6-6 至图 6-11 所示。

图 6-6　系统首页

图 6-7　系统登录页面

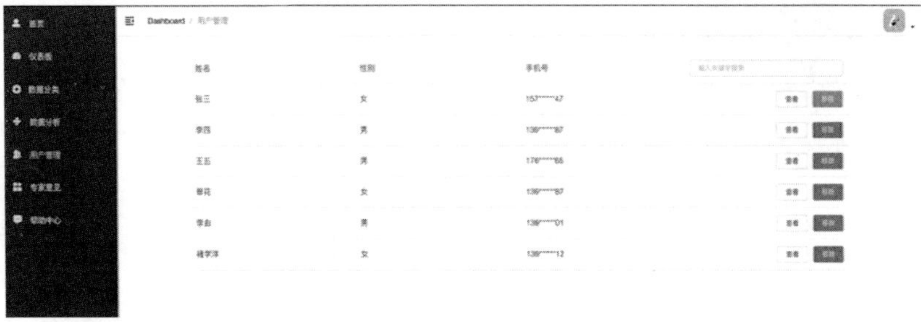

图 6-8　系统管理页面

图 6-9　公开数据传输页面

图 6-10　普通数据传输页面

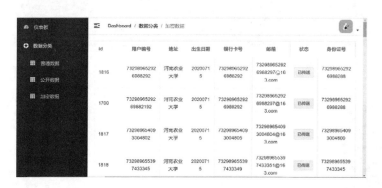

图 6-11　涉密数据传输页面

图 6-6 的系统首页主要展示注册、登录、用户管理、数据传输（公开传输、普通传输、涉密传输）等模块，该系统主要实现了农业数据的信息管理、数据安全传输等功能。

图 6-7 的系统登录页面包含不同角色的用户使用，后端鉴于登录人员的身份进行校验，返回相应权限的菜单列表，本系统来进行展示、操作；此登录包含账号密码方式登录，本系统在请求登录之前，对用户输入的账号和密码进行验证是否符合规范，如存在不符合规范的内容或空白，予以阻拦并提示用户重新输入。图 6-8 为系统管理页面，用户管理操作是管理员身份角色的操作功能，管理员可以查看使用本系统的普通用户的详细信息，并可以删除此用户，而普通用户登录，用户管理则不会展示于菜单栏；图 6-9 至图 6-11 为传输数据的页面，数据传输是整个系统的核心模块，用户需要先了解数据的分类模块，上传数据后，系统会根据数据的敏感程度、数据类型，对数据进行自动识别，判断是否为加密数据，非加密数据正常传输，加密数据则加密后再进行传输。

6.7 本章小结

本章以河南省农村综合信息服务平台——中原农村信息港为研究依托，结合国家统计局、中国气象网以及中国自然资源网相关数据，在国内外相关文献研究的基础之上，通过研究前人的技术成果，结合农业发展现状，以农业数据为研究对象，实现农业数据的加密传输，在传输过程中首先将数据分为公开数据、普通数据、涉密数据三种。本书采集对农业生产发展的有效信息，对农业数据中涉密数据进行基于 RSA 加密算法加解密的安全传输，选择 JSON 数据交换格式作为数据安全传输系统中的数据交换格式，运用加密算法，采用 Java 语言开发了基于 JSON 的农业数据安全传输系统。该系统能正常运行，测试结果符合预期，取得了较好成果。可以运用在对数据安全性要求较高的农业数据交换平台。

本书所设计的数据安全传输系统，虽然能够满足农业数据的传输安全，但尚存在一些不足。由于数据在加密之前要进行处理，从而造成传输速率过于缓慢。所以还需要不停地对农业数据安全传输系统的算法进行升级和改造，为数据安全传输等应用提供更为智能、高效、安全的服务，从而保障农业数据的安全传输。

第七章 结束语

　　基于属性的数字签名体制能够细粒度地划分身份特征，将身份看作是一系列属性的集合，在强调匿名性身份和分布式网络系统方面的应用，有着基于身份的密码体制不可相比的优势，其应用更为直观、灵活、广泛，从而引起了广大学者的关注。本书主要着眼于设计安全、可靠、实用的基于属性的签名方案，取得的成果如下：

　　（1）采用访问控制结构，设计一个多属性授权机构的基于属性的签名方案，用户的多个属性由不同的授权机构监管，要求多个属性授权机构之间不能互相通信，且由中心属性授权机构（CAA）统一管理，书中分析了方案的安全性，其能够抵抗伪造性攻击和合谋攻击，拥有保护签名者私密信息和较高的签名效率的特点。

　　（2）采用全域属性参数，使用访问结构树对属性进行细粒度划分，设计出一个多属性授权机构的基于属性签名方案，并系统地证明方案的安全性，证明方案能够抵抗伪造性攻击且抗合谋攻击。

　　（3）设计了一个不需要可信的中心属性授权机构的多属性授权机构签名方案，成功将中心属性授权机构移除，使多个属性授权机构体制的安全性不再受可信的中心属性授权机构约束，提高了系统安全性和实用性，同时也给出了方案的安全性证明过程。

　　（4）为了解决基于属性签名体制的密钥托管问题，提出不需要可信的属性授权机构（AA）的签名方案，定义了方案的安全模型，并给出了完整的安全证明过程。

　　（5）为了解决基于属性签名体制中签名权利委托的问题，设计了两个新的实用的代理签名方案，定义了基于属性代理签名的安全模型，并给出了完整的安全证明过程。

　　虽然取得了一些研究结果，但基于属性的密码体制作为一个新兴的密码研究方向，依然存在一些问题需要解决：

　　①如何设计提高验证算法效率的基于属性的签名方案？

②书中 5.2 节提出的方案没有可证明安全过程。

③能否使本书的诸多方案在电子商务中得到初步的应用？

④能否将基于属性代理签名的攻击类型分得更细致？

所以作者下一步的工作是，对 5.2 节提出的方案进行安全性证明，及基于属性的代理签名体制的更深入研究。此外，在基于属性的签名领域里，寻找新的应用背景，设计出新的安全的基于属性特殊签名体制，如基于属性的盲签名等，这也将作为作者今后研究的方向。

由于作者的水平有限，书中不足之处在所难免，敬请各位读者批评指正！

参 考 文 献

[1] Shannon C E. A mathematical theory of communlcation. Bell System Technical Journal, 1948, 27 (4): 397 - 428.

[2] Shannon C E. Communication theory of secrecy systems. Bell System Technical Journal, 1949, 28: 656 - 715.

[3] W. Diffie, M. Hellman. New directions in cryptography. IEEE Transactions on Information Theory, 1976, 22 (6): 644 - 654.

[4] R. L. RiVest, A. Shamir, L. Adleman. A method for obtaining digital signaures and public key cryptosystems. Communications of the ACM, February 1978, 21 (2): 120 - 126.

[5] T. EIGamal. A public key cryptosystem and a signature scheme based on discrete logarithms. IEEE Transactions on Information Theory, 1985, 31 (4): 469 - 472.

[6] C. P. Schnorr. Efficient signature generation by smartcards. Journal of Cryptology, January 1991, 4 (3): 161 - 174.

[7] M. O. Rabin. Digital signatures and public - key encryptions as intractable as factorization. Technical Report 212, MIT Laboratory of Computer Science, Cambridge, 1979: 1 - 16.

[8] National Institute of Standards and Technology, NIST FIPS PUB 186, Digital Signature Standard, U. S. Department of Commerce, May 1994.

[9] T. Okamoto. Provably secure and practical identification schemes and corresponding signature schemes. Advances in Cryptology - Crypto'92, LNCS 740, Springer - Verlag, 1992: 31 - 53.

[10] A. Fiat and A. Shamir. How to prove yourself: Practical solutions to identification and signature problems. Advances in Cryptology - Crypto'86, LNCS 263, Springer - Verlag, 1986: 186 - 194.

[11] ANSI X9. 62. Public key cryptography for the financial services industry: the elliptic curve digital signature algorithm. (ECDSA), 1999.

[12] D. Chaum. Blind signatures for untraceable payments. Advances In Cryptology Crypto'1982, Prenum Publishing Corporation, 1982: 199 - 203.

[13] D. Chaum and E. van Heyst. Group signatures. Advances in Cryptology Eurocrypt' 91, LNCS 547, Springer - Verlag, 1991: 257 - 265.

[14] R. L. Rivest, A. Shamir, Y. Tauman. How to leak a secret. Advances in Cryptology ASIACRYPT'2001, Springer - Verlag Press, 2001, LNCS2248: 552 - 565.

[15] M. Mambo, K. Usuda and E. Okamoto. Proxy signatures for delegating signing operation. the 3rd AC - Conference on Computer and communications security (CCS'96), AC - Press, New York, 1996: 48 - 57.

[16] Y. Desmedt and Y. Frankel. Shared generation of authentication and signature. Advances in Cryptology - Crypto'91, LNCS576, Springer - Verlag, 1992: 457 - 469.

[17] A. Lysyanskaya and Z. Ramzan. Group blind digital signatures: A scalable solution to electronic cash. Financial Cryptography (FC'98), LNCS 1465, Springer - Verlag, 1998: 184 - 197.

[18] Z. Tan, Z. Liu and C. Tang. Digital proxy blind signature schemes based on DLP and ECDLP. MM Research Preprints, No. 21, 2002, MMRC, AMSS, Academia, Sinica, Beijing: 212 - 217.

[19] W. S. Juang and C. L. Lei. Blind threshold signatures based on discrete ogarithm. Proceeding of the 2nd Asian Computing Science Conference, LNCS1179, Springer - Verlag, 1996: 172 - 181.

[20] K. Zhang. Threshold proxy signature shcems. Information Security Workshop (ISW'97), LNCS1396, Springer - Verlag, 1997: 282 - 290.

[21] J. Li, X. Chen, T. H. Yuen, and Y. Wang. Proxy ring signature: formal definitions, efficient construction and new variant, CIS'06, LNCS 4456, Springer, 2007: 545 - 555.

[22] K. Amit, L. Sunder. ID - based ring signature and proxy ring signature schemes from bilinear pairings. Internal Journal of Network Security, 00794 (2): 187 - 192.

[23] F. Zhang, R S Naini, C Yun. New proxy signature, proxy blind signature and proxy ring signature scheme from bilinear pairings. Cryptology el'int Archive, Report 2003/104, http: //eprint. iacr. org/2003/104, 2003.

[24] A. Shamir. Identity - based cryptosystems and signatures schemes//Proc. of Crypto'84, LNCS 196, 1985, Springer: 47 - 53.

[25] K. Ohta and E. Okamoto. Practical extension of Fiat - Shamir scheme. Electronics Letters, 1988, 24 (15): 955 - 956.

[26] L. Guillou and J. Quisquater. A paradoxical identity - based signature scheme resulting from zero - knowledge. Advances in Cryptology - Crypto'88, LNCS 403, Springer - Verlag, 1988: 216 - 231.

[27] C. Laih, J. Lee, L. Harn and Chen. A new scheme for ID - based cryptosystem and signature. Proceedings of the Eighth Annual Joint Conference of the IEEE Computer and

Communications Societies，1989：998 - 1002.

[28] C. Chang and C. Lin. An ID - based signature scheme based upon Rabin's public key cryptosystem. Proceedings of the 25th Annual IEEE International Carnahan Conference on Security Technology，1991：139 - 141.

[29] G. Agnem，R. Mullin and S. Vanstone. Improved digital signature scheme based on discrete exponentiation. Electronics Letters，1990，26（14）：1024 - 1025.

[30] L. Harn and S. Yang. ID - based cryptographic schemes for user identification，digital signature，and key distribution. IEEE Journal on selected areas in communications，1993，11（5）：757 - 760.

[31] T. Nishioka，G. Hanaoka and H. Imai. A new digital signature scheme on ID - based key - sharing infrastructures. Information Security：2nd International Workshop（ISW'99），LNCS 1729，Springer - Verlag，1999：259 - 270.

[32] Y. Desmedt and J. Quisquater. Public - key systems based on the difficulty of tampering. Advances in Cryptology - Crypto'86，LNCS 263，Springer - Verlag，1986：111 - 117.

[33] H. Tanaka. A realization scheme for the identity - based cryptosystem. Advances in Cryptology - Crypto'87，LNCS 293，Springer - Verlag，1987：341 - 349.

[34] S. Tsuji and T. Itoh. An ID - based cryptosystem based on the discrete logarithm problem. IEEE Journal on Selected Areas in Communication，1989，7（4）：467 - 473.

[35] U. Maurer and Y. Yacobi. Non - interactive public - key cryptography. Advances in Cryptology - Crypto'91，LNCS 547，Springer - Verlag，1991：498 - 507.

[36] D. Huhnlein，M. Jacobson and D. Weber. Towards practical non - interactive public key-cryptosystems using non - maximal imaginary quadratic orders. Selected Areas in Cryptography，LNCS 2012，Springer - Verlag，2000：275 - 287.

[37] D. Boneh and M. Franklin. Identity based encryption from the Weil pairing. Advances in Cryptology - Crypto'01，LNCS 2139，Springer - Verlag，2001：213 - 229.

[38] A. Joux. A one round protocol for tripartite Diffie - Hellman. Algorithmic Number Theory Symposium，ANTS - IV，LNCS 1838，Springer - Verlag，2000，385 - 394.

[39] C. Gentry and A. Silverberg. Hierarchical ID - based cryptography. Advances in Cryptology - Asiacrypt'02，LNCS 2501，Springer - Verlag，2002：548 - 566.

[40] B. Lynn. Authenticated identity - based encryption. Cryptology ePrint Archive，Report 2002/072，http：//eprint. iacr. org.

[41] Canetti，S. Halevi and J. Katz. A forward - secure public - key encryption scheme. Advances in Cryptology - Eurocrypt'03，LNCS 2656，Springer - Verlag，2003：255 - 271.

[42] D. Boneh and X. Boyen. Efficient selective - ID secure identity based encryption without random oracles. Advances in Cryptology - Eurocrypt'04, LNCS 3027, Springer - Verlag, 2004: 223 - 238.

[43] D. Boneh and X. Boyen. Secure identity based encryption without random oracles. Advances in Cryptology - Crypto'04, LNCS 3152, Springer - Verlag, 2004: 443 - 459.

[44] S. H. Heng and K. Kurosawa. k - resilient identity - based encryption in the standard model. Topics in Cryptology - CT - RSA 2004, LNCS 2964, Springer - Verlag, 2004: 67 - 80.

[45] B. R. Waters. Efficient identity - based encryption without random oracles Cryptology ePrint Archive, Report 2004/180, http: //eprint. iacr. org.

[46] D. Boneh, G. D. Crescenzo, R. Ostrovsky and G. Persiano. Public key encryption with keyword search. Advances in Cryptology - Eurocrypt'04, LNCS 3027, Springer - Verlag, 2004: 506 - 522.

[47] R. Sakai, K. Ohgishi and M. Kasahara. Cryptosystems based on pairing. 2000 Symposium on Cryptography and Information Security (SCIS 2000), Okinawa, Japan, 2000: 26 - 28.

[48] K. G. Paterson. ID - based signatures from pairings on elliptic curves. Electronics Letters, 2002, 38 (18): 1025 - 1026.

[49] F. Hess. Efficient identity based signature schemes based on pairings. Selected Areas in Cryptography - SAC 2002, LNCS 2595, Springer - Verlag, 2003: 310 - 324.

[50] J. C. Cha and J. H. Cheon. An identity - based signature from gap Diffie - Hellman groups. Practice and Theory in Public Key Cryptography - PKC 2003, LNCS 2567, Springer - Verlag, 2003: 18 - 30.

[51] X. Yi. An identity - based signature scheme from the Weil pairing. IEEE Communications Letters, 2003, 7 (2): 76 - 78.

[52] P. S. L. M. Barreto, B. Libert, N. McCullagh and J. Quisquater. Efficient and provably - secure identity - based signatures and signcryption from bilinear maps. Advances in Cryptology - Asiacrypt'05, LNCS 3788, Springer - Verlag, 2005: 515 - 532.

[53] Ch X, Liu J M, Wang X M. An identity - based signature and its threshold version. AINA 2005, Taipei, 2005.

[54] Chen X F, Zhang F G. New ID - based threshold signature scheme from bilinear pairings. IN DOCRYPT 2004, LNCS3348, Madras, India Bar - Iin, 2004.

[55] D. Boneh, B. Lynn, and H. Shacham. Short signatures from the Weil pairing. Asiacrypt'01, Gold Coast, Australia, Dec. 2001: 514 - 532.

[56] D. Pointcheval and J. Stern. Security arguments for digital signatures and blind signa-

tures. J Cryptology, 13 (3), 2000: 361 - 396.

[57] V. Goyal, O. Pandey, A. Sahai and B. Waters. Attribute - based encryption for fine - grained access control of encrypted data. // In ACM CCS'06, New York, ACM Press, 2006: 89 - 98.

[58] A. Sahai, B. Waters. Fuzzy identity - based encryption. // Advances in Cryptology, In Eurocrypt 2005, LNCS 3494, 457 - 473, Springer - Verlag, 2005: 457 - 473.

[59] J. Baek, W. Susilo, J. Zhou. New Constructions of fuzzy identity - based eneryption. Proceedings of the 2nd ACM symposium on Information, computer and communications security, Singapore, 2007: 368 - 370.

[60] P. Yang, Z. Cao and X. Dong. Fuzzy identity based signature. Cryptology ePrint Archive, Report 2008/002. http://eprint. iacr. org/2008/002.

[61] R. Ostrovsky, A. Sahai, B. Waters. Attribute based Encryption with non - monotonic access structures. Procedings of the 14m ACM conference on Computer and Communicardons Security, Alexandria. Virginia, USA 2007: 195 - 203.

[62] J. Bethencourt, A. Sahai, B. Waters. Ciphertext - policy attribute - based Encryption. IEEE Symposium on Security and Privacy, 2007: 321 - 334.

[63] D. Lubicz. T. Sirvent. Attribute - based broadcast encryption scheme made efficient. Lecture Notes in Computer Science of Progress in Cryptology - AFRICA CRYPT 2008. Springer, Heidelberg, 2008, LNCS, 5023: 325 - 342.

[64] J. Li, K. Ren, K. Kim. Accountable attribute - based encryption for abuse free access control. Cryptology eprint Archive, Report2009/118, http://ewint. iacr. org/2009/118, 2009.

[65] Q. Tang, D. Ji. Verifiable attribute - based encryption. Cryptology ePrint Archive, Report 2007/46l. http://eprint. iacr. org/2007/461, 2007.

[66] V. Goyal, A. Jain, O. Pandey, A. Sahai. Bounded ciphertext policy attribute based encryption. Lecture Notes in Computer Science, Swinger Berlin, Heidelberg, 2008, 5126, 579 - 591.

[67] M. Pirretti, P. Traynor, P. McDaniel, B. Waters. Secure atrribute - based Systems. 13th ACM conference on Computer and communications security, Alexandria Virginia, USA, 2006: 99 - 112.

[68] M. Chase. Multi - authority attribute based encryption. //In S. P. Vadhan, editor, of Lecture Notes in Computer Science TCC. Springer, 2007: 515 - 534.

[69] M. Chase and S. S. M. Chow. Improving privacy and security in multi - authority attribute - based encryption. In CCS'09, 2009: 121 - 130.

[70] Lin Hua, Cao Zhengfu, Liang Xiaohui, et al. Secure threshold multi authority attrib-

ute based encryption without a central authority. Information Sciences, 2010, 180: 2618 - 2632.

[71] R. Gennaro, S. Jarecki, H. Krawczyk, T. Rabin. Robust threshold dss signatures, Inform. Comput. 2001, 164 (1): 54 - 84.

[72] R. Gennaro, S. Jarecki, H. Krawczyk, et al. Secure distributed key generation for discrete - log based cryptosystems. Cryptol. 2007, 20 (1): 51 - 83.

[73] H. Maji, M. Prabhakaran and M. Rosulek. Attribute - based signatures: achieving attribute - privacy and collusion - resistance. // Cryptology ePrint Archive, Report 2008/328. http: //eprint. iacr. org/2007/328.

[74] S. Guo, Y. Zeng. Attribute - based signature scheme. // Conference of Information Security and Assurance (ISA2008), Xi'an: Xi'an Electronic Science & Technology University Press. 2008: 509 - 511.

[75] D. Khader. Attribute based group signatures. Cryptology ePrint Archive, Report 2007/159. http: //eprint. iacr. org/2007/159.

[76] D. Khader. Attribute based group signature scheme. Cryptology ePrint Archive, Report 2007/159, 2007. http: //eprint. iacr. org/.

[77] J. Li and K. Kim. Attribute - based ring signatures. Cryptology ePrint Archive, Report 2008/394. http: //eprint. iacr. org/2008/394.

[78] J. Li, M. H. Au, W. Susilo, D. Xie and K. Renal. Attribute - based signatures and its applications // ASIACC'10 2010, Beijing, China. Copyright 2010 ACM: 978 - 987.

[79] J. Li and K. Kim, "Hidden attribute - based signatures without anonymity revocation". Information Sciences: an International Journal, 2010, 180 (8): 1681 - 1689.

[80] S. F. Shahandashti and R. Safavi - Naini. Threshold attribute - based signatures and their application to anonymous credential systems // AFRICACRPT'2009. Berlin: Springer - Verlag, 2009: 198 - 216.

[81] D. Cao, B. K. Zhao, X. F. Wang, J. S. Su, G. F. Ji. Multi - authority attribute - based signature. Third International Conference on Intelligent Networking and Collaborative Systems, 2011: 668 - 672.

[82] D. Cao, B. Zhao, X. Wang, J. Su, and Y. Chen, "Authenticating with attributes in online social networks," 2th International Symposium on Frontiers in Ubiquitous Computing, Networking and Applications (NeoFUSION - 2011) conjunction with 14th International Conference on Network - Based Information Systems (NBiS - 2011), Tirana, Albania, to appear, 2011.

[83] 张玲艳. 基于属性的签名方案研究. 广州: 中山大学, 2009.

[84] J. Baek and Y. Zheng. Identity - based threshold signature scheme from the bilinear pair-

ings. IAS'04 Track of ITCC'04. Las Vegas：IEEE Computer Society，2004：124 - 128.

[85] X. Chen，F. Zhang，D. M. Konidala and K. Kim. New ID - based threshold signature scheme from bilinear pairings. INDOCRYPT 2004：LNCS 3348. Berlin：Springer - Verlag，2004：372 - 383.

[86] 王斌，李建华. 无可信中心的（t，n）门限签名方案. 计算机学报. 2003，26 (11)：1581 - 1584.

[87] X. Chen，F. Zhang，D. M. Konidala and K. Kim. New ID - based threshold signature scheme from bilinear pairings. Progress in Cryptology - Indocrypt 2004，LNCS 3348，371 - 383.

[88] 郭丽峰，程相国. 一个无可信中心的（t，n）门限签名方案的安全性分析. 计算机学报. 2006，29 (11)：2013 - 2017.

[89] 王萼芳. 有限群论基础. 北京：清华大学出版社，2002.

[90] A. J. Menezes，T. Okamoto and S. Vanstone. Reducing elliptic curve logarithms to logarithms in a finite field. IEEE Trans. on Inf. Theory，39：1639 - 1646，1993.

[91] T. Garefalakis. The generalized Weil pairing and the discrete logarithm problem on elliptic curves. Theor. Comput. Sci. ，2004，321 (1)：59 - 72.

[92] G. Frey，M. Muller and H. Ruck. The Tate pairing and the discrete logarithm applied to elliptic curve cryptosystems，1999.

[93] S. D. Galbraith，K. Harrison and D. Soldera. Implementing the Tate pairing. In Proc. of ANTSV，LNCS vol. 2369，2002，324 - 337. Springer.

[94] J. Camenisch，M. Stadler. Efficient group signature schemes for large groups. In：Crypto'97，Springer - Verlag，LNCS 1294，1997：410 - 424.

[95] 王育民，刘建伟. 通信网的安全—理论与技术. 西安：西安电子科技大学出版社，1999.

[96] J. H. Cheon and D. H. Lee. Diffie - Hellman problems and bilinear maps. Cryptology ePrint Archive，Report 2002/117，http：//eprint. iacr. org.

[97] 孙淑玲. 应用密码学. 北京：清华大学出版社，2004.

[98] W. Mao. Modern Cryptography：Theory and practice，published by Prentice Hall PTR，2003.

[99] A. Menezes，P. van Oorschot and S. Vanstone. Handbook of applied cryptography，1997，237 - 238. CRC Press.

[100] X. Y. Wang. Collisions for some hash functions MD4，MD5，HAVAL - 128，RIPEMD，Crypto'04，2004.

[101] Xiaoyun Wang，Hongbo Yu and Yiqun Lisa Yin. Efficient collision search attacks on SHA - 0，Crypto'05，2005.

[102] Xiaoyun Wang，Yiqtm Yin and Hongbo Yu. Finding collisions in the full SHA－1 collision search attacks on SHA－1，Cryoto'05，2005.

[103] X. Y. Wang，X. J. Lai etc. Cryptanalysis for hash functions MD4 and RIPEMD，Eumerypto'05，2005.

[104] X. Y. Wang and Hongbo Yu. How to break MD5 and Other hash functions，Eurocrypto'05，2005.

[105] S. Goldwasser and S. Micali. Probabilistic encryption and how play mental poker keeping secret all partial information. Proc. 14th Annual Syrup. Theory of Computing，ACM，1982：365－377.

[106] S. Goldwasser and S. Micali. Probabilistic encryption. Journal. of Computer and Sysem Sciences，April，1984，Vol. 28：270－299.

[107] M. Bellare. Practice－oriented provable－security. Proc. Modern Cryptology in Theory and Practice. LECTURE NOTES IN COMPUTER SCIENCE 1561，1999，Berlin，Heidelberg：Springer－Verlag，1－15.

[108] 张乐友. 可证明安全公钥密码方案的设计与分析. 西安：西安电子科技大学，2009.

[109] 朱辉. 若干安全协议的研究与设计. 西安：西安电子科技大学，2009.

[110] Bellare M，Rogaway P. Entity authentication and key distribution. Advances in Cryptography－CRYPTO'93，1994，LNCS，773：232－249.

[111] Bellare M，Rogaway P. Provably secure session key distribution：the three party cases. In Proceedings of the 27th ACM Symposium on the Theory ofComputing，1995：57－66.

[112] Bellare M，Canetti R，Klawczyk H. A modular approach to the design and analysis of authentication and key－exchange protocols. In Proceedings of the 30th Annual Symp. on the Theory of Computing. 1998，NewYork，ACM Press.

[113] Canetti R，Krawczyk H. Analysis of key－exchange protocols and their use for building secure channels. Advances in Cryptoiogy－Euroerypt'2001，LNCS 2045：453－474.

[114] Bresson E，Chevassut O，Pointcheval D. Provably authenticated group DH key exchange the dynamic ease. In Proceedings of Asiacrypt'01，2001. LNCS，2248：290－309.

[115] Bresson E，Chevassut O，Pointcheval D. Dynamic group Diffie－Hellman key exchange under standard assumptions. Advances in Cryptology－Euroerypt'2002 Proceedings，2002. LNCS，2332：321－336.

[116] Bresson E，Chevassut O，Pointchcval D，eta1. Provably authenticated group DH key exchange. In Proceedings of ACM CCS'01，2001：255－264.

[117] Canetti R. Universally composable security: a new paradigm for cryptographic proto-cols. In Proceedings of the 42nd IEEE Symposium on Foundations of Computer Science (FOCS), 2001: 136 - 145.

[118] Canetti R, Krawczyk H. Universally composable notions of key exchange and secure channels. Advances in Cryptology - Eurocrypt'02 Proceedings, 2002, LNCS, 2332: 337 - 351.

[119] M. Bellare, P. Rogaway. Random oracles are practical: A paradigm for designing effi-cient protocols. Proc. of the 1st ACM on Computer and Communications Security. New York: ACM Press, 1993: 62 - 67.

[120] V Nechaev. Complexity of a determinate algorithm for the discrete logarithms. Mathe-matics Notes, 1994, 55 (2): 165 - 172.

[121] R. Canetti, O. Goldreich, S. Halevi. The random oracle methodology, revisited. Jour-nal of the ACM, July 2004, 51 (4): 557 - 594.

[122] M. Fischlin. A note on security proofs in the generic model. Advances in cryptology - Asiacrypt' 2000, LNCS 1976, Springer - Verlag, 2000: 458 - 469.

[123] T. Okamoto. Efficient blind and partially bland signatures without random ora-cles. TCC'2006, LECTURE NOTES IN COMPUTER SCIENCE 3876: 80 - 99.

[124] Neal Koblitz and Alfred J. Menezes. Another look at "provable security". Journal of Cryptology, January 2007, 45 (1): 3 - 37.

[125] 杨义先, 孙伟, 钮心祈. 现代密码新理论. 北京: 科学出版社, 2002.

[126] Goldwasser S, Micali S, Rivest R. A digital signature scheme scure against adaptive chosen - message attacks. SIAM Journal of Computing, 1988, 17 (2): 281 - 308.

[127] A. Beimel. Secure schemes for secret sharing and key distribution. PhD thesis, Israel Institute of Technology, Technion, Haifa, Israel 1996.

[128] G. R. Blakley. Safeguarding cryptographic keys. Proceeding of the National Computer Conference, 1979, 48 (1979): 313 - 317.

[129] Adi Shamir. How to share a secret. Communications ACM, 1979, 22 (11): 612 - 613.

[130] Asmuth C, Bloom J. A modular approach to key safeguarding. IEEE Trans. Informa-tion Theory, 1983, 29 (2): 208 - 210.

[131] 刘木兰, 张志芳. 密钥共享与安全多方计算. 北京: 电子工业出版社, 2008.

[132] M. Mambo, KUsuda, E. Okamoto. Proxy signature: delegation of the power to sign messages. IEICE Trans, Fundamentals, 1996, E79 - A (9): 1338 - 1353.

[133] B. Lee, H. Kim, K. Kim. Strong proxy signature and its applications. Proceedings of the 2001symposium on cryptography and information security, Oiso Japan, 2001, 2

（2）：603 – 608.

［134］ B. Lee，H. Kim，K. Kim. Secure mobile agent using strong non – designated proxy signature. Information security and privacy（ACISP'01），Berlin，July 2001，2119：474 – 486.

［135］ 刘春刚，周廷显，强蔚 . 一种身份基代理签名方案的研究. 哈尔滨工业大学学报 . 2008：1052 – 1054.

［136］ Xu J，Zhang Z F，Feng D G. ID – based proxy signature using bilinear pairings// Proceedings of the Third International Symposiumon Parallel and Distributed Processing and Applications. Berlin，Heidelberg：Springer – Verlag，2005：359 – 367.

［137］ Wu W，Mu Y，Susilo W，et al. Identity – based proxy signature from pairings// Proceedings Of the 4th International Conference on Autonomic and Trusted Computing. Berlin，Heidelberg：Springer – Verlag，2007：22 – 31.

［138］ Ji H F，Han W B，Zhao L，Wang Y J. An identity – based proxy signature from bilinear pairings// WASE International Conference on Information Engineering，2009：14 – 17.

［139］ Chai Z C，Cao Z F，Lu R X. An efficient provable secure ID – based proxy signature Scheme based on CDH Assumption. Journal of Shanghai Jiaotong University（Science）. 2006，E – 11（3）：271 – 278.

［140］ 李明祥，韩伯涛，等 . 在标准模型下安全的基于身份的代理签名方案. 华南理工大学学报（自然科学版），2009，37（5）：118 – 122.

［141］ D. Boneh，X. Boyen. Efficient selective – ID secure identity based encryption without random oracles，EUROCRYPT'2004：LECTURE NOTES IN COMPUTER SCIENCE 3027，Springer – Verlag，2004，223 – 238.

［142］ D. Boneh，X. Boyen and E. Goh. Hierarchical identity – based encryption with constant ciphertext. EuroCrypt'05，LECTURE NOTES IN COMPUTER SCIENCE 3494，Springer – Verlag，2005：445 – 456.

［143］ Sanjit Chattterjee and Palash Sarkar. Generalization of the selectve – ID security model for HIBE protocols. PKc 2006，LECTURE NOTES IN COMPUTER SCIENCE 3958，2006：241 – 256.

［144］ 魏文婷 . 内部网络的安全及其防范手段. 中国科技信息，2010（18）：126 – 127.

［145］ GB/T 22239 – 2008. 信息安全技术信息系统安全等级保护基本要求. 北京：中国标准出版社，2007.

［146］ https：//blog. csdn. net/duozhishidai/article/details/83347071？utm _ medium ＝ distribute. pc_relevant. none – task – blog – 2～default～BlogCommendFromMachineLearnPai2～default – 5. control&.depth_1 – utm_source＝distribute. pc_relevant. none –

task‐blog‐2～default～BlogCommendFromMachineLearnPai2～default‐5. control.

[147] 魏瑞良. 计算机网络通信安全中数据加密技术的研究与应用. 北京：中国地质大学，2013.

[148] 谷芳芳. 无线局域网非对称认证方案研究与实现. 合肥：合肥工业大学，2009.

[149] 王莉. XML 语言在网页中的应用. 电子技术与软件工程，2015（5）：14.

[150] 丁晟春，王曰芬. 网络新闻发布管理系统的设计与应用. 现代图书情报技术，2002（5）：57‐59.

[151] 陈玮，贾宗璞. 利用 Json 降低 XML 数据冗余的研究. 计算机应用与软件，2012，9：188‐190，206.

[152] San Mao Space. Json 与 XML 的区别比较. 2013‐06‐16 [2015‐3‐27].

[153] Truică Ciprian‐Octavian, Apostol Elena‐Simona, Darmont Jérôme, Pedersen Torben Bach. The Forgotten Document‐Oriented Database Management Systems：An Overview and Benchmark of Native XML DODB MSes in Comparison with JSON DODB MSes. Big Data Research，2021，25（prepublish）.

[154] 梁永坚，韦田，黎锐杏. 融合多特征的云存储中分类分级数据加密方法. 网络安全技术与应用，2021（2）：35‐36.

[155] T 38667‐2020，信息技术 大数据 数据分类指南.

后　记

历时 5 年多，本书得以出版。本书的顺利完成得益于河南省重大公益项目"区块链在数据安全共享领域的关键技术研发"（No：201300210300）和河南省科技攻关项目"多安全域的数据交换关键技术研究"（No：162102210109）的支持。

本书内容主要来自本人博士论文和以上两个项目的研究成果。特别感谢我的导师——西安电子科技大学通信工程学院马文平教授，马老师在我读博期间和本书创作过程中给予了我无私的帮助、指导和无限的启发。同时也感谢新里斯本大学信息管理学院（Universidade NOVA de Lisboa）的 Fernando bação 教授在本书写作过程中提出的宝贵意见与指导。

非常感谢河南农业大学信息与管理科学学院河南省数字乡村创新中心、河南省农作物生产监测大数据分析与应用工程研究中心、河南省大数据双创基地、河南省粮食作物生产大数据发展创新实验室提供的支持与帮助。

本书由孙昌霞统筹并撰写完成，司海平、王少参、刘倩辅助完成。

本书难免有错漏之处恳请各位读者批评指正。